THÈSES

PRÉSENTÉES

A LA FACULTÉ DES SCIENCES DE PARIS

POUR OBTENIR

LE GRADE DE DOCTEUR ES SCIENCES NATURELLES

PAR

A. PAUCHON

Docteur en médecine (lauréat de la Faculté de Paris, prix Corvisart 1875),
Professeur suppléant de sciences naturelles à l'École de plein exercice de médecine et de pharmacie
de Marseille

1ʳᵉ THÈSE. — RECHERCHES SUR LE RÔLE DE LA LUMIÈRE DANS LA GERMINATION.
ÉTUDE HISTORIQUE, CRITIQUE ET PHYSIOLOGIQUE.

2ᵉ THÈSE. — PROPOSITIONS DONNÉES PAR LA FACULTÉ.

soutenues le 19 novembre 1880 devant la commission d'examen

MM. DUCHARTRE,   Président.
    HÉBERT,
    P. BERT.   { Examinateurs.

PARIS

G. MASSON, ÉDITEUR

LIBRAIRE DE L'ACADÉMIE DE MÉDECINE

Boulevard Saint-Germain, en face de l'École de médecine

1880

ACADÉMIE DE PARIS

FACULTÉ DES SCIENCES DE PARIS

Doyen	MILNE EDWARDS, Professeur. Zoologie, Anatomie. Physiol. comparée,
Professeurs honoraires.	DUMAS. PASTEUR.
Professeurs.	CHASLES . . . . Géométrie supérieure P. DESAINS . . . . Physique. LIOUVILLE . . . . Mécaniq. rationnelle. PUISEUX . . . . Astronomie. HÉBERT . . . . Géologie. DUCHARTRE . . . . Botanique. JAMIN . . . . Physique. SERRET . . . . Calcul différentiel et intégral. H. SAINTE-CLAIRE DEVILLE. Chimie. DE LACAZE-DUTHIERS. . . . Zoologie, Anatomie. Physiol. comparée. BERT . . . . Physiologie. HERMITE . . . . Algèbre supérieure. BRIOT . . . . Calcul des probabilités, Physiq. math. BOUQUET . . . . Mécanique et physique expérimentale. TROOST . . . . Chimie. WURTZ . . . . Chimie organique. FRIEDEL . . . . Minéralogie. OSSIAN BONNET . . . . . . Astronomie.
Agrégés.	BERTRAND . . . . Sciences mathémat. J. VIEILLE . . . . Id. PELIGOT . . . . Sciences physiques.
Secrétaire	PHILIPPON.

PARIS. — IMPRIMERIE ÉMILE MARTINET, RUE MIGNON, 2

MM. L. DIEULAFAIT & ÉD. HECKEL

Professeurs à la Faculté des sciences de Marseille.

Dr A. PAUCHON.

RECHERCHES

SUR LE

ROLE DE LA LUMIÈRE DANS LA GERMINATION

ÉTUDE HISTORIQUE, CRITIQUE ET PHYSIOLOGIQUE

AVANT-PROPOS

Chargé d'un cours de chimie biologique à l'École de médecine de Marseille, j'ai été surtout frappé du rôle considérable
et souvent méconnu que jouent les énergies extérieures dans le
fonctionnement physiologique et la mécanique chimique des
êtres organisés. Tel est le motif qui a déterminé mon choix
pour le sujet actuel.

Mon intention primitive avait été d'abord de limiter mes
recherches à une étude expérimentale telle que le comporte le
titre de ce travail; mais, ayant été amené par la force des
choses, à établir certaines analogies physiologiques entre l'embryon et les végétaux à protoplasme incolore, j'ai été ainsi
entraîné à des développements généraux, à des rapproche-
ments auxquels j'ai dû, dans un premier chapitre, donner la
première place.

J'exposerai ensuite l'historique critique de la question ; puis
les causes d'erreur, dont l'importance sera soigneusement discutée, les détails de l'expérimentation et les résultats obtenus,
au point de vue physiologique et au point de vue chimique, par
l'action de l'obscurité et de la lumière. J'étudierai enfin une
question qui se lie intimement à l'influence générale du même
agent : le rôle de la couleur des graines dans la germination.

C'est pour moi un devoir et un plaisir de témoigner, au début de ce travail, ma très vive reconnaissance à M. le professeur Heckel, qui a bien voulu m'en indiquer le sujet; je le remercie particulièrement de la manière tout amicale dont il a constamment mis à ma disposition ses savants conseils, ainsi que les moyens d'étude que renferme son laboratoire de la Faculté des sciences.

Je dois aussi assurer de ma profonde gratitude M. le professeur Dieulafait, qui a bien voulu m'apporter, pour la partie chimique de ces recherches, et surtout pour l'installation de mes appareils, l'aide très précieuse de sa longue expérience et de sa bienveillante direction.

CHAPITRE PREMIER

CONSIDÉRATIONS RELATIVES A L'ACTION DE LA LUMIÈRE SUR LES ÊTRES VIVANTS, ET EN PARTICULIER SUR LES VÉGÉTAUX A PROTOPLASME INCOLORE.

« La physiologie végétale est riche en faits relatifs à la structure et aux fonctions des plantes; mais elle en possède peu qui déterminent l'influence des agents extérieurs. Ceux qu'elle a constatés sont bien d'une grande importance; mais ils se bornent, pour ainsi dire, à l'action de la lumière et de l'air à l'égard de la matière verte et de la respiration (1). » C'est en ces termes qu'il y a près d'un demi-siècle MM. W. Edwards et Colin définissaient l'état de la physiologie végétale à leur époque.

La situation signalée par ces auteurs s'est depuis lors singulièrement modifiée. Grâce au développement continu des études biologiques, on s'est de plus en plus convaincu de l'impossibilité de séparer l'être vivant de ce tout complexe qui existe en dehors de lui et qu'on appelle le milieu. La recherche

(1) Edwards et Colin, *Influence de la température sur la germination.* (*Ann. sc. nat.*, 2ᵉ série, 1834, t. I, p. 257.)

de l'influence et du rôle des agents physico-chimiques dans leurs rapports avec les phénomènes de la vie a même pris, de nos jours, une telle importance, que l'on peut, avec Claude Bernard (1), considérer l'activité particulière aux êtres vivants comme le résultat d'un conflit, d'une relation étroite et harmonique entre les conditions extérieures et la constitution préétablie des organismes; que certains naturalistes ont pu même soutenir, avec Herbert Spencer (2), que le degré de vie varie en raison du degré de correspondance avec le milieu.

§ 1. — Action générale de la lumière.

Parmi ces agents extérieurs, il en est un dont l'influence sur les êtres vivants, et sur les végétaux en particulier, a depuis longtemps attiré l'attention des observateurs : c'est la lumière.

Dès la fin du siècle dernier, Lavoisier (3) décrivait les phénomènes d'étiolement qui se produisent dans les animaux ou dans les plantes privés de l'influence immédiate de la lumière; il pensait même que « la lumière se combine avec quelques parties des plantes, et que c'est à cette combinaison qu'est due la couleur verte des feuilles et la diversité des couleurs des fleurs ».

Il concluait enfin par cette phrase mémorable : « L'organisation, le sentiment, le mouvement spontané, la vie, n'existent qu'à la surface de la terre, dans les lieux exposés à la lumière. On dirait que la fable du flambeau de Prométhée était l'expression d'une vérité philosophique, qui n'avait point échappé aux anciens. Sans la lumière, la nature était sans vie, elle était morte et inanimée : un Dieu bienfaisant, en apportant la lumière, a répandu sur la surface de la terre l'organisation, le sentiment et la pensée. »

A une époque plus rapprochée de nous, il y a quelques an-

---

(1) *Leçons sur les phénomènes de la vie communs aux animaux et aux végétaux*, 1878, *passim.*
(2) *Principes de Biologie ;* trad. Cazelles, t. 1, p. 257.
(3) *Traité élémentaire de chimie*, édit. Dumas, t. 1, p. 257.

nées à peine, Moleschott (1) inaugurait son enseignement à l'université de Zurich en proclamant que « tout ce qui respire et se meut tient sa vie de la lumière du soleil ».

On a pu, il est vrai, taxer d'exagération une manière de voir aussi absolue : l'existence d'animaux ou de plantes trouvés dans des eaux complètement soustraites à l'influence de la radiation solaire a même été jusqu'à ces derniers temps invoqué contre elle. Il importe d'établir à cet égard quelques distinctions. Les expériences faites dans les récentes expéditions organisées par l'amirauté anglaise, et confirmées par les recherches de Forel exécutées dans les eaux du lac de Genève, portent à penser que les rayons capables d'agir sur un papier photographique sont vite interceptés par l'eau de mer ou par l'eau douce, et ne peuvent plus se constater à des profondeurs peu considérables. Mais ce fait n'implique que l'absorption des rayons chimiques et « il est présumable que quelques parties de la lumière du soleil, possédant certaines propriétés, peuvent pénétrer à une plus grande distance » (2) : les profondeurs des mers semblent donc condamnées à une obscurité éternelle, suivant l'expression de M. Lortet; « mais là encore la lumière est engendrée partout et largement répandue par d'innombrables animaux phosphorescents. Elle est assez intense pour permettre aux êtres pourvus d'yeux de se servir utilement de ces organes (3) ». En ce qui concerne les végétaux, il est démontré qu'au delà de cinquante brasses ils y sont à peine représentés, et qu'après deux cents brasses les plantes ont complètement disparu (4). Des fonds plus considérables sont incompatibles avec leur mode de nutrition, non seulement à cause de l'absence de lumière et de la richesse plus ou moins

(1) *Licht und Leben. Discours d'inauguration* (21 juin 1856). (*Revue des cours scientifiques*, 1864-65, p. 698.)

(2) *Les abimes de la mer*, par C. Wyville Thomson, 1875, trad. Lortet, p. 37.

(3) *Op. cit.* Avant-propos par Lortet, p. 1.

(4) *Op. cit.*, p. 38, et *Voyage of the* Challenger, par C. W. Thomson, 1877, t. III, p. 338.

grande des eaux profondes en oxygène et en acide carbonique, mais peut-être aussi à cause de l'intervention de la pression, comme l'a supposé M. Paul Bert (1). Quant aux animaux, bien qu'il soit hors de doute que certains d'entre eux puissent vivre dans l'obscurité la plus profonde, il n'est pas démontré que cette privation de lumière ne soit point, avec le temps, pour ces espèces cavernicoles, une cause de modifications plus ou moins sérieuses, peut-être de véritables dégénérescences.

On ne saurait, à plus forte raison, prétendre que l'animal peut vivre indéfiniment dans l'obscurité, comme on l'a soutenu en se basant sur ce fait que les matériaux brûlés par l'animal lui sont rendus sous forme d'aliments. Que les animaux les plus élevés en organisation, et l'homme lui-même, puissent être maintenus dans l'obscurité, pendant de longues années, sans que la mort en résulte : cela est indiscutable. Mais entre cette existence et la vie physiologique, il y a un abîme. L'innocuité de la privation de lumière ne pourrait être affirmée d'une manière générale qu'après de nombreuses séries d'expériences démontrant qu'une espèce animale peut être impunément soustraite à l'action de la lumière pendant une longue suite de générations. Ce que l'on sait de l'influence néfaste exercée sur l'homme par la vie souterraine permet de pressentir quel serait le résultat d'une semblable expérimentation.

Je dois dire toutefois que la nécessité absolue de l'intervention de la lumière pour le maintien de la vie à la surface du globe a été récemment mise en doute dans un débat soulevé à l'Académie des sciences (2). M. Pasteur n'a pas hésité à affirmer, d'après ses observations personnelles, que la formation des matières protéiques est indépendante du grand acte de réduction du gaz acide carbonique sous l'influence de la lumière.

« Si la lumière (3), dit-il, est indispensable pour la décomposition de l'acide carbonique et l'édification des principes

(1) *La pression barométrique*, p. 486.
(2) C. R. Ac. sc., 10 et 24 avril 1876.
(3) Duel. et Pasteur, *Études sur la bière*, 1876, p. 323.

immédiats chez les grands végétaux, certains organismes inférieurs peuvent s'en passer et fournir néanmoins les substances
les plus complexes, non toutefois en empruntant leur carbone
au gaz acide carbonique qui est saturé d'oxygène, mais à
d'autres matières encore oxydables et capables de fournir de
la chaleur par cette oxydation, l'alcool et l'acide acétique par
exemple, pour ne citer que les composés carbonés les plus
éloignés de l'organisation. Comme ces derniers composés et
une foule d'autres également propres à servir d'aliment car-
boné aux Mycodermes et aux Mucédinées peuvent être produits synthétiquement à l'aide du carbone et de la vapeur
d'eau, par les méthodes que la science doit à M. Berthelot, il
en résulte que *la vie serait possible chez certains êtres inférieurs, alors même que la lumière solaire viendrait à dispa-
raitre.* » Voilà, certes, une application des méthodes de synthèse que leur illustre inventeur n'avait point prévue!

M. Boussingault (1) s'éleva contre ces assertions hasardées;
il rappela que, pour les plantes à protoplasme incolore, les
matières organiques destinées à la nutrition ont été fabri-
quées sous l'influence de la lumière solaire par les parties
vertes d'autres végétaux; que la lumière intervient donc indirectement, mais d'une manière nécessaire, dans la vie de
ces végétaux sans chlorophylle; qu'enfin l'existence des
champignons ou des moisissures dans un lieu obscur, où
leurs cellules forment des principes immédiats semblables à
ceux que produisent les plantes à protoplasme vert pendant la
lumière du jour, *n'est pas une exception, mais une confirmation
des rapports nécessaires de la lumière avec la végétation.* « Si
la lumière solaire cessait, conclut M. Boussingault, non seulement les plantes à chlorophylle, mais encore les plantes qui
en sont dépourvues, disparaîtraient de la surface du globe. »
On ne peut, à notre avis, que se ranger à l'opinion de M. Boussingault, seule en rapport avec les tendances unitaires de la
physiologie contemporaine.

(1) *C. R. Ac. sc.*, 24 avril 1876.

Le docteur Wallich (1) a soutenu, il est vrai, que certaines espèces animales ont le pouvoir de décomposer l'eau, l'acide carbonique et l'ammoniaque contenus dans la mer, et de les combiner en composés organiques sans l'aide de la lumière. Il est plus rationnel de supposer, avec C. Wyville Thomson (2), que ces êtres se nourrissent des matières organiques qui existent normalement en dissolution ou en suspension dans l'eau de la mer.

On peut donc admettre d'une manière générale que la lumière est nécessaire au maintien de la vie.

Les modifications que les agents extérieurs tels que la lumière et la chaleur impriment à la matière organique sont de nature à nous éclairer sur les changements que peut subir la substance des êtres vivants sous l'influence de ces énergies. C'est ce qui ressort nettement des données réunies et exposées récemment par M. Berthelot dans un livre remarquable, véritable monument élevé à la philosophie naturelle. Bien que l'illustre savant ait eu pour objectif de ses recherches les phénomènes chimiques du laboratoire bien plus que ceux des organismes, on est frappé de la généralité des vues qu'il développe dans son *Essai de mécanique chimique*, et des conséquences qu'elles font entrevoir pour la chimie vivante, surtout pour celle des végétaux. Il me paraît donc utile d'entrer dans quelques développements à ce sujet.

Toutes les transformations chimiques se divisent, d'après M. Berthelot, en *réactions endothermiques et réactions exothermiques* : pour les premières, il y a perte d'énergie dans le passage des corps composants aux corps composés, et absorption de chaleur; pour les secondes, il y a perte d'énergie pour le passage des corps composés aux corps composants et dégagement de chaleur. Or le plus grand nombre des principes organiques appartient justement au second groupe. Aussi M. Berthelot émet-il l'opinion « que leur formation et leur décomposition jouent un grand rôle dans les métamorphoses

(1) *North. Atlantic Sea-bed*, p. 131.
(2) *Les abîmes de la mer*, trad. Lortet, 1875, p. 38.

de la matière qui s'accomplissent au sein des êtres vivants ; leur décomposition, en particulier, peut s'effectuer sous l'influence de simples agents déterminants, sans le concours d'une énergie étrangère. Elle rend possibles, au sein des êtres vivants, des dégagements de chaleur en apparence spontanés, comme ceux que l'on observe dans les fermentations (1) ».

Ces réactions exothermiques, bien que se produisant sans le concours d'aucune énergie étrangère à celle de leurs éléments, nécessitent parfois l'intervention d'une influence auxiliaire pour effectuer le travail préliminaire qui provoque la combinaison; mais celle-ci, une fois provoquée, se poursuit et s'accomplit par le jeu de ses seules affinités. D'ailleurs, ainsi que le fait observer M. Berthelot, « les agents auxiliaires des combinaisons endothermiques peuvent être les mêmes que ceux des combinaisons exothermiques ; toutefois avec cette différence qu'ils ne se bornent pas à déterminer la réaction, mais que leur travail propre fournit l'énergie nécessaire pour constituer la combinaison (2) ». C'est ainsi que, dans les réactions exothermiques, la lumière détermine le phénomène chimique, réalise le travail préliminaire ; « mais ce n'est pas elle qui effectue le travail principal, c'est-à-dire qu'elle ne produit pas la chaleur développée dans la réaction. La lumière, en un mot, joue un rôle analogue à celui d'une allumette qui servirait à incendier un bûcher (3) ». Dans les réactions endothermiques, au contraire, « c'est la lumière, ou plus précisément l'acte de l'illumination qui effectue le travail nécessaire ». Tel est le mode d'action du soleil dans la réduction de l'acide carbonique par les plantes. Mais « l'énergie des radiations lumineuses absorbées pendant une réaction chimique n'est pas consommée en totalité par le travail chimique; car il se produit d'ordinaire quelque échauffement simultané.

. . . .

Bref, comme il arrive dans la plupart des transformations

(1) *Essai de mécanique chimique fondée sur la thermo-chimie*, t. II, p. 20.
(2) *Op. cit.*, t. II, p. 25.
(3) *Op. cit.*, t. II, p. 401.

des forces naturelles, l'énergie de la lumière ne se change pas purement et simplement en énergie chimique ; mais elle éprouve à la fois plusieurs transformations distinctes (1) ».

L'action de la lumière peut se traduire par des effets chimiques multiples : changements isomériques, combinaisons, décompositions ; et même par des réactions plus complexes encore. Dans les combinaisons, « quand l'intensité de la lumière est très faible, l'effet chimique lui est sensiblement proportionnel. Mais la proportionnalité doit cesser, et cesse en effet, dès que l'intensité lumineuse augmente. Cette diversité d'effets est comparable à l'influence que l'échauffement, soit modéré, soit énergique, exerce sur la vitesse des réactions exothermiques. Cependant, même dans ces conditions, l'action chimique, lente au début, s'accélère ensuite peu à peu (2) ». C'est ainsi que, par exemple, l'action de l'oxygène libre et sa combinaison avec les autres corps est provoquée ou accélérée dans un grand nombre de cas par la lumière, comme le prouvent les observations relatives au blanchîment des étoffes exposées à l'air, et les faits connus sur la destruction lente ou rapide des matières colorantes soumises à la radiation solaire, sur l'oxydation des huiles grasses ou volatiles, etc.

Bien que toutes les radiations soient efficaces pour provoquer des oxydations, Herschell a constaté qu'une matière colorante végétale est détruite en général par les rayons lumineux qu'elle absorbe, c'est-à-dire par les rayons de couleur complémentaire. Enfin, « toutes les réactions oxydantes provoquées par la lumière sont exothermiques. La lumière y joue le rôle d'agent déterminant (3) ».

Ces faits étant acquis, recherchons quelle application on en peut faire à l'étude des deux grandes fonctions végétales, la nutrition et la respiration proprement dite.

L'attention de M. Berthelot s'est portée d'une manière spéciale sur le grand acte de réduction de l'acide carbonique : il

(1) *Op. cit.*, t. II, p. 403.
(2) *Op. cit.*, t. II, p. 405.
(3) *Op. cit.*, t. II, p. 409.

constate une certaine analogie entre les effets chimiques de la
lumière développés dans cette circonstance, et ceux de l'effluve
électrique : « En effet, dit-il, l'observation prouve que les
végétaux, en même temps qu'ils décomposent l'acide carbonique avec mise en liberté d'oxygène, absorbent une certaine
dose d'oxygène ; et ils l'absorbent précisément en dégageant
de l'acide carbonique : il y a donc ici en réalité deux réactions
contraires et simultanées. Dès lors il est probable que l'acte
de l'illumination développe certains équilibres complexes entre
les produits des énergies chimiques et ceux des énergies lumineuses ; équilibres analogues à ceux que développe aussi
l'électrisation et même l'échauffement (1). »

Il y a lieu cependant de faire une restriction à l'opinion
générale qui considère la lumière comme l'agent primordial
et unique de la fonction chlorophyllienne. Les observations
récentes de J. Sachs, de Wiessner et de Mikosh établissent que
la formation de la matière verte ne s'accomplit qu'entre certaines limites de température variant de 0° à 35 degrés suivant les espèces, pour les plantes de nos climats ; elles démontrent en outre que l'augmentation de la température, à
éclairage égal, accroît la rapidité de la formation de la chlorophylle jusqu'à un certain degré maximum, et que, récipro-
quement, à mesure que la température s'éloigne de ce degré
favorable dans un sens ou dans l'autre pour se rapprocher soit
de 0°, soit de 35 degrés, la formation de la matière verte
devient de moins en moins intense, jusqu'au moment où, une
de ces limites étant atteinte, elle cesse complètement. D'autre
part l'influence des rayons solaires sur le développement de la
chlorophylle n'est pas identique à celle qui est exercée sur
son fonctionnement : « Les deux phénomènes ne sont pas liés
l'un à l'autre comme on le croyait autrefois : chez les plantes
où la lumière est nécessaire pour la formation de la chlorophylle comme elle l'est pour son action, c'est d'une manière
différente qu'elle exerce son influence (2). » D'après les ré-

(1) *Op. cit.*, t. II, p. 416.
(2) *Revue des cours scient.*, 21 février 1880, p. 804 et suivantes.

centes recherches de M. Timiriazeff, le fonctionnement de la chlorophylle est lié à l'absorption de certaines radiations ; mais pour que la radiation agisse, il ne suffit pas qu'elle soit absorbée ; il faut encore qu'elle ait une intensité calorifique assez considérable pour fournir à la chlorophylle un certain nombre des calories nécessaires à la décomposition de l'acide carbonique.

Mais ces diverses radiations ont une action sur l'existence même du protoplasme aussi bien que sur celle de la chlorophylle, et la réaction chimique ne se produit plus si l'une de ces deux matières est altérée, ainsi que le démontrent les observations de M. Pringsheim (1). Or la lumière, au delà d'une certaine intensité, détruit la chlorophylle, mais seulement dans un milieu où se trouve de l'oxygène ; elle la détruit par un phénomène de combustion indépendant de la décomposition de l'acide carbonique, et toute action assimilatrice est alors rendue impossible.

L'ensemble de ces faits nous montre que le mécanisme de la réaction endothermique liée à la réduction de l'acide carbonique est en réalité plus complexe qu'on ne l'avait pensé d'abord : cette réaction résulte d'un double travail auquel l'énergie lumineuse et l'énergie calorifique apportent chacune leur appoint. Au premier abord, on serait tenté de supposer que la chaleur n'est là qu'un agent auxiliaire effectuant le travail préliminaire, tandis que les radiations lumineuses accomplissent le travail principal. Mais si l'on songe que l'intervention de cette énergie auxiliaire doit être continue pour que le phénomène physiologique soit lui-même continu, on est forcé d'admettre que le rôle de la chaleur est plus important qu'il ne paraît, et que cet agent intervient très probablement dans le travail principal, bien que la lumière y ait certainement la plus large part. Dans quel rapport ces deux influences interviennent-elles pour l'accomplissement du phénomène, et quelles sont les variations de ce rapport pour les

(1) *Revue des cours scient.*, *loc. cit.* et *K. Akad. de Wiss.*, Berlin, july 1879.

diverses conditions d'éclairement et de chaleur? C'est ce qu'on ne sait pas, bien qu'il y ait peut-être lieu de supposer, pour cette réaction et dans certaines limites, l'existence d'une relation pour ainsi dire complémentaire entre ces deux énergies : relation d'après laquelle une certaine quantité d'énergie lumineuse peut être remplacée dans le travail de la réaction par une quantité fixe d'énergie calorifique. La fonction chlorophyllienne serait donc un exemple complexe de transformation de forces et l'énergie dépensée par la plante dans l'acte de l'assimilation serait la somme de deux énergies à coefficient variable, unies entre elles par un lien encore mal défini.

La respiration générale commune à tous les êtres vivants, et se traduisant en fin de compte par des phénomènes d'oxydation, est essentiellement liée à une réaction exothermique. Mais ici la combinaison n'est ni directe ni immédiate ; elle se décompose en un très grand nombre d'actions chimiques toujours accompagnées d'un dégagement de chaleur. En ce qui concerne les végétaux, on sait que leur activité respiratoire augmente très sensiblement avec la température ; on sait aussi qu'en dehors d'un degré optimum où la quantité d'oxygène absorbé est égale à la quantité exhalée sous forme d'acide carbonique, on constate aux basses températures un excès d'oxygène fixé par rapport à l'oxygène exhalé et aux températures élevées une perte d'oxygène supérieure au gain. Ces faits prouvent évidemment que, dans la plante comme dans un laboratoire, un ensemble de substances étant donné, les réactions qui se produisent entre elles se modifient suivant la température à laquelle elles ont lieu : le rôle des énergies étrangères et de la chaleur en particulier dans l'acte respiratoire proprement dit, n'est donc pas sans importance, comme on serait tenté de le supposer.

La chaleur intervient d'abord à titre auxiliaire pour effectuer le travail préliminaire de la réaction ; on ignore, il est vrai, dans quelles limites s'exerce cette influence, et si ces limites sont les mêmes que celles de la fonction chlorophyllienne. L'influence de la chaleur n'est-elle que déterminante comme celle de l'allumette sur un bûcher ? Cette hypothèse me paraît probable et on peut supposer que le phénomène une fois commencé, la chaleur fournie par la réaction elle-même suffit à procurer aux particules vivantes la chaleur nécessaire pour assurer la continuité du phénomène. C'est ce qui se trouve réalisé sous la forme la plus simple dans la germination, ainsi que j'aurai occasion de le dire ultérieurement.

Mais la chaleur n'est pas la seule, parmi les énergies extérieures, qui intervienne dans l'acte respiratoire. Bien qu'on ait généralement nié jusqu'à ce jour l'influence de la lumière sur la respiration végétale proprement dite, cette manière de voir ne peut être acceptée qu'avec de nombreuses réserves, quand on sait combien sont défectueuses les expériences qui lui ont servi de base. Si, comme je le pense, la lumière exerce une influence accélératrice sur l'absorption de l'oxygène par les végétaux, (et c'est au moins ce qui a lieu pendant la période germinative, comme je le démontre dans ce mémoire), l'énergie extérieure dépensée dans les réactions respiratoires équivaudrait à une somme thermique et actinique dans laquelle le premier rôle incomberait à la chaleur, contrairement à ce que l'on constate pour la fonction assimilatrice.

Malgré la continuité du phénomène respiratoire et du dégagement de chaleur qui en est la conséquence, les plantes cependant ne modifient pas leur température sauf dans des cas très exceptionnels. La véritable explication de ce fait nous est fournie par les principes de la thermo-chimie. M. Berthelot nous apprend en effet que le mécanisme le plus fréquemment employé pour réaliser les combinaisons endothermiques consiste dans « l'intervention d'une combinaison simultanée capable de donner lieu par elle-même à un dégagement de chaleur supérieur à la quantité absorbée dans le premier composé ». Dans ce même type rentrent encore les combinaisons par double décomposition et « les réactions dans lesquelles une combinaison endothermique emprunte l'énergie nécessaire à sa réalisation à un certain système de réactions corrélatives, lequel n'est pas cependant une double décomposition simple (1) ». Ces conditions se trouvent justement réalisées dans le double échange gazeux que les végétaux effectuent avec le milieu : la plante est le siège de deux ordres de réactions : les unes exothermiques, les autres endothermiques; les unes respiratoires, les autres nutritives. Ici, comme dans les opérations du laboratoire, la chaleur dégagée par la réaction exothermique fournit à la réaction endothermique une certaine quantité d'énergie calorifique qui est dépensée pour le fonctionnement de l'appareil chlorophyllien. C'est très probablement pour ce motif que la chaleur due aux réactions chimiques de respiration est dissimulée par les végétaux dans les circonstances ordinaires : elle est transformée sur place en travail moléculaire et vient s'ajouter à l'énergie fournie par les agents auxiliaires ou effectifs de la réaction endothermique. A l'appui de cette manière de voir on peut invoquer ce fait remarquable que le dégagement de chaleur ne se produit chez les végétaux que dans deux conditions : pendant la période germinative, alors que la chlorophylle n'est point encore développée ou ne fonctionne pas encore ; pendant la période végétative, dans les différents verticilles de la fleur à l'époque de la fécondation, c'est-à-dire dans des organes dépourvus normalement de matière verte.

Mais ce n'est pas seulement au point de vue thermique que la fonction chlorophyllienne diffère de la fonction respiratoire. Sur la matière verte, l'influence de la lumière se traduit immédiatement par la réduction carbonique, et le phénomène chimique s'arrête aussitôt après que cette énergie a cessé d'agir. Au contraire, l'action de la lumière sur la respiration, au moins pendant la phase germinative, n'est pas immédiate, ainsi que le démontreront les expériences relatées dans ce travail ; elle ne traduit même ses effets sur la graine avec le plus d'intensité qu'au bout de quelques heures ; mais cette action persiste assez longtemps : par exemple, des semences en germination exposées à la lumière pendant une belle journée con-

(1) *Op. cit.*, t. II, p. 28.

tinuent à manifester une plus grande activité respiratoire, par rapport à des semences maintenues à l'obscurité, pendant toute la durée de la nuit qui suit. Il semble donc y avoir encore dans ce cas un véritable emmagasinement d'énergie dans la graine pendant son exposition à la lumière, et cette énergie solaire emmagasinée manifeste encore ses effets dans l'obscurité ; phénomène analogue à celui présenté par certaines substances qui, insolées pendant quelque temps, agissent ensuite sur les sels d'argent comme la lumière elle-même.

Malheureusement la thermo-chimie présente encore trop de lacunes en ce qui concerne les équivalents thermiques des substances organiques qui existent dans les êtres vivants. On devine cependant combien la filiation des transformations chimiques opérées dans ces êtres vivants sera facilitée par la connaissance des énergies absorbées dans la formation d'un composé organique quelconque. Il y a là pour l'avenir une voie fertile en aperçus nouveaux. Qu'on excuse donc l'incursion que je viens de faire dans un champ qui peut, à certains esprits, paraître bien éloigné de celui de la physiologie, mais qui en réalité lui touche de très près.

Est-il possible, dans l'état actuel de la science, de déterminer avec quelque rigueur comment la lumière, obéissant à la loi universelle de la transformation des forces, produit ces compositions et ces décompositions ? Lavoisier, ainsi que nous l'avons dit, pensait que la lumière se combine avec certaines parties des plantes, mais il ne chercha point à pénétrer plus avant dans l'intimité du phénomène. Aujourd'hui on admet généralement que les changements moléculaires produits par la lumière dans les substances organiques qui constituent le végétal sont dus à la pénétration des ondulations éthérées dans le tissu végétal lui-même. Tout récemment, Herbert Spencer (1) a tenté d'expliquer cette action à l'aide d'une théorie tirée des découvertes récentes de la physique moléculaire, et particulièrement des travaux de Tyndall, de Kirchhoff

(1) *Op. cit.*, t. I, p. 33.

et de Bunsen. Cette théorie, qui repose tout entière sur l'étude
des mouvements vibratoires de la matière pondérable (atomes)
et de la matière impondérable (éther), explique d'une manière
ingénieuse comment les mouvements insensibles qui leur
arrivent du soleil se trouvent emmagasinés dans les êtres
vivants, de façon à engendrer plus tard des mouvements sensibles, comment enfin l'accumulation de chocs infinitésimaux
fait entrer en oscillation les atomes de matière pondérable.

D'autre part, J. Sachs a imaginé plusieurs appareils destinés
à rendre compte de la profondeur à laquelle pénètre la lumière,
et des modifications qu'elle subit après avoir traversé différentes épaisseurs de tissus ; mais les résultats auxquels il est
parvenu jusqu'à ce jour sont encore très insuffisants.

Avouons donc avec M. Berthelot que, si la communication
de la force vive des vibrations lumineuses à la matière pondérable est un fait hors de discussion, « les mécanismes suivant
lesquels elle s'accomplit sont demeurés obscurs jusqu'à présent,
malgré les nombreuses expériences des physiciens et des pho-
tographes » (1).

Quant à l'opinion émise par quelques savants plus familia-
risés avec les données de la physique qu'avec celles de la physiologie, opinion d'après laquelle les effets attribués à la lumière
solaire sur les plantes ne seraient que le résultat de la chaleur
inhérente aux rayons lumineux, elle est en contradiction avec
les observations de chaque jour, qui prouvent, au contraire, que
l'énergie calorifique isolée ne se traduit pas chez les végétaux
par des effets physiologiques semblables à ceux que produit la
lumière agissant dans des conditions identiques de température. Comment un botaniste, M. Wiessner, a-t-il pu mécon-
naître ce fait au point de ne voir, dans la lumière solaire et
dans chacun de ses rayons constituants, qu'une source de
chaleur pour les plantes ?

C'est ainsi que, dans les conditions ordinaires, la lumière
est indispensable au développement de la chlorophylle.

(1) *Op. cit.*, t. II, p. 100.

On a, il est vrai, invoqué contre cette loi générale quelques exceptions : les embryons des genres *Pinus* et *Thuia* ont leurs cotylédons colorés en vert intense au moment de la germination, alors même qu'ils ont été soustraits d'une manière complète à l'action de la lumière. Il en serait de même pour un certain nombre de plantes phanérogames (*Evonymus*, *Acer*, *Raphanus*, *Astragalus*, *Celtis*, *Tropœolum*, *Pistacia*, *Viscum*, *Citrus aurantium* (variété mandarine), *Géranium*, *Cephalaria*) dans lesquelles l'embryon paraît cependant protégé par des téguments souvent très épais. Enfin les frondes de certaines Fougères prennent une coloration verte alors même qu'elles se sont développées dans une obscurité complète.

Ces faits sembleraient au premier abord prouver que la formation de la chlorophylle peut quelquefois avoir lieu en dehors de l'influence de la lumière.

En ce qui concerne les graines de *Acer*, *Astragalus*, *Celtis*, *Raphanus*, M. J. Böhm a montré que, développées à l'abri de la lumière, elles ne se coloraient pas en vert ; et M. Flahault (1) a obtenu le même résultat sur les semences de *Viola tricolor*, *Acer pseudoplatanus* et *Geranium Lucidum*.

Quant aux autres graines de phanérogames précédemment mentionnées, il y a lieu de se demander si la chlorophylle qu'elles contiennent s'est réellement formée dans l'obscurité, à l'abri de téguments plus ou moins opaques. J. Sachs avait émis l'opinion que la lumière pénètre à travers les parois du carpelle et le testa de la graine avec assez d'énergie pour amener ce résultat. Tout récemment, M. Flahault, étudiant le développement du fruit du Gui, de la Violette, de la Capucine, de plusieurs *Geranium* et *Acer*, a constaté que « dans tous les cas les téguments de la graine ou du fruit présentent au début un degré de transparence remarquable ; dans tous les cas, la chlorophylle est formée dans l'embryon pendant cette période de formation de la graine, alors que la lumière pénètre faci-

(1) Flahault, *Sur la présence de la matière verte dans les organes actuellement soustraits à l'influence de la lumière*. (*Bull. Soc. bot.*, 1879, p. 229.)

lement jusque dans les parties les plus profondes » (1).

Pour les embryons de *Pinus* et de *Thuia*, les observations de M. Flahault, confirmant celles de Wiessner, démontrent que la chlorophylle s'y forme sans intervention de la lumière, qu'il en est de même pour les frondes de quelques Fougères et pour les bulbes d'*Allium cepa* et de *Crocus Vernus*. Ce botaniste est conduit par ses recherches à admettre que « la formation de la matière chlorophyllienne verte dans les organes placés à l'obscurité accompagne la transformation des matières nutritives emmagasinées » (2). Cette conclusion me paraît d'autant plus digne d'attention qu'elle vient à l'appui d'opinions que j'aurai à développer ultérieurement. « Ces faits, dit M. Flahault, me paraissent intéressants en ce qu'ils montrent jusqu'à quel point, dans les expériences relatives à l'influence de la lumière, il faut tenir compte des réserves nutritives ; *ces réserves peuvent, dans une certaine mesure, remplacer l'action de la lumière,* et préparer les plantes à subir plus efficacement cette influence » (3). A l'aide des données thermochimiques, le fait précédent pourrait être expliqué de la manière suivante : la réserve nutritive s'est formée sous l'influence de la lumière ; cette dernière s'y est emmagasinée, et cette énergie transformée, qui y est restée latente pendant un certain temps, s'est dégagée à un moment donné pour fournir le travail nécessaire à la réaction qui donne naissance à la formation de la chlorophylle.

La matière verte formée dans ces conditions ressemble anatomiquement beaucoup à la chlorophylle ; « mais, dans la plupart des cas, elle n'a pas atteint le degré de différenciation qu'elle acquiert dans les conditions ordinaires » (4). Physiologiquement, elle fonctionne cependant comme la chlorophylle normale, ainsi que l'a constaté M. Flahault.

Dans les conditions ordinaires, d'ailleurs, l'intervention de

(1) *Op. cit.*, p. 251.
(2) *Op. cit.*, p. 254.
(3) *Op. cit.*, p. 254 et 255.
(4) *Op. cit.*, p. 250.

la lumière n'est pas nécessaire pendant toutes les phases du développement de la chlorophylle. La première de ces phases peut s'accomplir dans l'obscurité la plus profonde, ainsi que J. Sachs (1) l'a observé. Elle n'exige, ainsi que le démontrent des observations récentes, que l'intervention de la chaleur et de la radiation infra-rouge. La deuxième phase se subdivise en deux temps : le premier s'accomplit dans les mêmes conditions physiques, à l'obscurité ; il est caractérisé par le jaunissement des grains incolores ; pendant le second temps, ces grains jaunes, étiolés, développent une matière colorante bleue dont le mélange avec la couleur jaune produit le verdissement des grains chlorophylliens ; ce changement est sous la dépendance de la lumière, mais non d'une manière absolue (2). Dans le développement normal, la formation des grains et leur coloration marchent parallèlement ; quelquefois même le protoplasme est vert avant d'être divisé en grains, ainsi que Sachs l'a constaté dans *Cucurbita* et *Vicia faba* (3).

Bien que les expériences de Wiessner (4) démontrent d'une manière définitive que le verdissement de la chlorophylle peut se produire dans l'obscurité absolue, on sait cependant que l'action réductrice n'appartient en propre ni au grain lui-même ni à la matière verte isolée ; pour qu'elle s'accomplisse, il faut que la chlorophylle soit placée dans le grain, le grain dans le protoplasme (5), et que la lumière intervienne, condition nécessaire pour le fonctionnement de l'appareil chlorophyllien. *A ce point de vue, la chaleur obscure ne peut, en aucun cas, remplacer le soleil.*

Il résulte, au contraire, des faits connus, que *la lumière est susceptible de remplacer la chaleur pour la végétation.* Ainsi les observations rapportées par M. A. de Candolle (6) démontrent

(1) *Phys. vég.*, trad. Micheli, p. 9.
(2) *Cours de M. Van Tieghem au Museum*, 1879.
(3) *Bot. Zeitg*, 1862, p. 366.
(4) Cité par Grandeau, *La nutrition de la plante*, p. 403.
(5) *Cours de M. Van Tieghem au Museum*, 1879.
(6) *Géographie botanique*, t. I, p. 2.

qu'il a fallu plus de chaleur totale, mesurée en degrés du thermomètre à l'ombre, « quand la végétation s'est passée en grande partie au printemps ou en automne, que lorsque la végétation s'est concentrée essentiellement sur l'été ».

On ne peut citer de cette influence spéciale et compensatrice de la lumière un exemple plus frappant que celui qui est donné par Moleschott (1). « Par l'influence de la lumière, dit-il, les nuits resplendissantes des régions polaires mûrissent en peu de temps les moissons, tandis que plusieurs journées de notre chaleur estivale sont loin d'y suffire. » On sait en effet que certaines céréales, telles que l'orge et l'avoine, sont cultivées jusqu'au 70° degré de latitude nord. Les observations directes effectuées sur la pomme de terre (2), sur le *Radiola* (3), sur l'avoine (4), montrent qu'il existe des écarts considérables entre les quantités de chaleur nécessaires à l'entier développement d'une même espèce végétale, suivant les latitudes, et que la cause la plus importante de ces écarts réside dans la quantité de lumière que reçoivent les plantes. D'après M. A. de Candolle (5), « l'effet d'une lumière prolongée pendant les jours d'été se montre assez évidemment pour les limites de certaines espèces en Écosse et en Norwège ». Ainsi le *Radiola* s'arrête aux Arcades (59° latitude), par une somme de température de 2225°; à Drontheim (63° 25''), par 1990°; la différence 325° répond à ce fait que le jour le plus long présente 1 heure 1/4 de plus à Drontheim, et que, par conséquent, les fonctions de la plante s'y accomplissent mieux sous une même température.

Le blé fournit à cet égard un exemple encore plus probant : on sait qu'il commence à végéter d'une manière sensible quand la température moyenne à l'ombre est voisine de 6°. Or l'ob-

---

(1) *Op. cit.*, p. 700.
(2) Schleiden cité par Grandeau, *Nutrition de la plante*, p. 268.
(3) A. de Candolle, *Géog. bot.*, p. 203.
(4) F. Haberlandt, *Centralblatt für die gesamute Landescultur*, 1866, nᵒˢ 11 et 12.
(5) *Géog. bot.*, p. 203.

servation a démontré qu'à Paris le blé mûrit en 138 jours, avec un total de 1970° C. ; à Orange, en 117 jours, avec 1601° ; à Upsal en 122 jours avec 1546° et à Lynden (près du cap Nord), en 72 jours, avec 675°.

M. de Gasparin avait compris combien était défectueuse cette manière de mesurer la température utile aux végétaux, d'après les indications du thermomètre à l'ombre. Il lui a substitué avec raison les observations faites en plein soleil. Dans ces conditions, on voit que la végétation du blé s'est effectuée à Orange avec 2468°, à Paris avec 2433°, et à Lynden avec 1582° : les différences signalées précédemment se trouvent donc singulièrement réduites, bien que leur sens général reste le même. On a, il est vrai, soutenu que les blés de Lynden n'étant pas les mêmes que ceux de France, la somme de chaleur nécessaire à la plante variait avec sa nature.

Je dois faire observer incidemment que les chiffres obtenus par l'addition jour par jour des degrés du thermomètre depuis le commencement jusqu'à la fin de la végétation, sont entachés d'une cause d'erreur très sérieuse qui n'a point échappé à M. A. de Candolle. Ce physiologiste, examinant les méthodes qui peuvent être employées pour mesurer la température nécessaire aux fonctions végétatives, constate que « le calcul peut être fait de deux manières : ou en additionnant tous les degrés au-dessus de zéro, ou en retranchant les degrés inutiles à l'espèce, dans la fonction dont il s'agit, puis en additionnant les autres degrés, jusqu'au moment où la fonction est accomplie. Ce dernier mode paraît *à priori* plus logique, mais l'ignorance où l'on est presque toujours sur les minima empêche de l'employer » (1).

D'autre part, si l'on considère une plante végétant entre 10° et 30°, avec un maximum de végétation répondant à 20°, et si l'on recherche les coefficients d'absorption nutritive correspondant aux degrés 11, 12, 13, etc., 21, 22, 23, etc. ; on constate,

(1) A. de Candolle, *La germination sous des degrés divers de température.* *Biblioth. de Genève,* 1865, t. XXIV, p. 274.

conformément aux observations de M. Boussingault, que ces coefficients varient pour chaque degré à mesure qu'on s'éloigne dans l'un ou dans l'autre sens du degré le plus favorable à la végétation ; en d'autres termes, il n'existe aucun rapport constant entre les deux chiffres exprimant la température et l'activité du phénomène nutritif.

Les réflexions qui précèdent sont applicables d'une manière complète à la germination. Les observations de M. A. de Candolle démontrent en effet que « près du minimum et près du maximum les rapports entre la température et la durée de la germination s'éloignent de l'ordinaire, en d'autres termes que la germination est alors plus difficile et qu'elle en devient extrêmement lente (1) ». Aussi la méthode des sommes de température s'applique-t-elle médiocrement aux faits de germination ; ce qu'il y a d'essentiel à connaître pour chaque espèce, en ce qui concerne cette fonction, c'est le minimum nécessaire et le degré favorable. En conséquence, il faut reconnaître avec M. A. de Candolle que les calculs sur les sommes de chaleur en géographie botanique sont entachées d'hypothèses et de causes multiples d'inexactitude.

Malgré les réserves que je viens de faire, il n'en reste pas moins bien établi que la quantité de chaleur nécessaire à la végétation d'une même espèce est moindre dans les régions du Nord que dans nos climats. Où puisent-elles le complément d'énergie qui leur permet de parcourir si rapidement les diverses phases de leur existence jusqu'à la fructification ? Dans l'action de la lumière évidemment.

On sait en effet que pour certaines plantes cultivées, la quantité des matériaux assimilés pour leur travail d'organisation dépend de la somme de lumière qu'elles ont reçue, « le rendement est donc lui-même fonction de cette lumière » (2) comme le démontre la statistique. « La chaleur en activant le travail de respiration dans le végétal, accélère en même temps la

(1) Op. cit., p. 275.
(2) Ann. de Montsouris, 1880, p. 202.

consommation qu'il fait de ses réserves organiques; mais par elle-même elle n'a aucun pouvoir pour la réparation de ces pertes. Elle rend l'action de la lumière plus efficace, mais elle ne peut la suppléer (1) ». C'est ainsi que pour le blé en particulier la chaleur sans lumière est plus nuisible qu'utile à la quantité et à la qualité du grain.

Il est donc démontré que la longueur des jours dans les pays arctiques est, malgré l'abaissement considérable de la température et la diminution très notable du pouvoir éclairant du soleil dans ces régions, la cause la plus efficace du développement rapide de certaines plantes (2), parce qu'elle leur permet de se passer en partie de chaleur. Si la végétation est cependant si pauvre dans la zone polaire à notre époque, il faut en chercher le motif dans les trop longues nuits qui viennent détruire les effets favorables dus à une influence prolongée de la lumière; si les espèces botaniques y sont aujourd'hui en nombre si restreint et offrent en général une apparence si chétive, c'est que les conditions astronomiques ne permettent guère que le développement des végétaux susceptibles de parcourir les diverses phases de leur existence jusqu'à la fructification inclusivement, pendant la période d'éclairement. Aussi, dans la partie la plus septentrionale de l'Europe, au Spitzberg, on ne rencontre plus que des végétaux herbacés, mais pas un seul arbre, ni un seul arbuste, seulement un sous-arbrisseau, l'*Empetrum nigrum* (Martins), et deux petits saules rampants qui ne seraient, d'après certains naturalistes, que les rejetons dégénérés des types plantureux de l'époque tertiaire, péniblement adaptés à des conditions climatériques nouvelles.

D'autre part, il résulte des recherches de M. A. de Candolle,

(1) *Op. cit.*, p. 201.

(2) Il y a lieu de rapprocher ces faits des expériences de M. Siemens relatives à l'influence de la lumière électrique sur la végétation; elles prouvent en effet que les plantes ne semblent point avoir besoin d'une période de repos régulière pendant les vingt-quatre heures, mais qu'au contraire l'éclairage continu provoque une croissance plus rapide et plus intense. (*Nature*, 1880, XXI, p. 456.)

de Læstadius, de M. de Gasparin, de Grisebach, de Martins, de de Baer, de Friès, et surtout de Schubeler (1) que les plantes cultivées des pays du nord ont des fleurs plus colorées, des feuilles plus grandes et plus vertes, enfin des graines plus volumineuses, plus colorées et plus riches en huiles essentielles que celles des régions méridionales. MM. G. Bonnier et Ch. Flahault (2) ont vérifié les mêmes faits sur beaucoup de plantes spontanées. C'est à l'action prolongée de la lumière solaire que Schubeler avait attribué ces modifications. Les observations de MM. Bonnier et Flahault établissent, conformément à cette opinion, que les variations constatées dans les phénomènes cités précédemment sont précisément proportionnelles à la durée de l'éclairement qui augmente graduellement jusqu'au delà de 68°,30 où elle est de 24 heures.

Tout récemment enfin, M. Ch. Flahault (3) a fait connaître les résultats de son second voyage en Scandinavie. Ces nouvelles recherches confirment et complètent celles précédemment faites par l'auteur en collaboration avec M. G. Bonnier, surtout en ce qui concerne l'influence exercée par la lumière sur les végétaux. Se basant sur ce fait que le développement du principe bleu de la chlorophylle est lié à l'action des radiations lumineuses du spectre, que cette action presque continue dans les régions polaires se traduit par la formation des composés ternaires carbonés, il conclut qu'il doit nécessairement exister « une relation entre la quantité d'acide carbonique décomposé et la quantité de matières formées » (4), et que « la lumière a donc sur la flore une influence générale très remarquable, puisqu'*elle compense dans une mesure assez large le défaut de température* » (5). J'aurai d'ailleurs à revenir sur

(1) *Die Cultur Pflanzen Norwegens*. Christiania, 1862, p. 26-33.
(2) *Sur les variations qui se produisent avec la latitude dans une même espèce végétale*. (*Bull. de la Soc. Bot.*, séance [du 13 décembre 1878, pp. 300-306 et *Ann. Sc. nat.*, 6e série, 1879, t. VII.)
(3) *Nouvelles observations sur les modifications des végétaux suivant les conditions physiques du milieu*. (*Ann. Sc. Nat.*, t. IX, nos 2 et 3, p. 159.)
(4) *Op. cit.*, p. 160.
(5) *Op. cit.*, p. 163.

quelques points du mémoire très intéressant de M. Flahault.

C'est encore à l'influence de la lumière qu'on a rattaché ce fait singulier que « les plantes cultivées dans les hautes latitudes sont douées d'une activité de végétation bien plus grande que celles des pays méridionaux, puisque transportées vers le sud, leurs semences donnent leur récolte beaucoup plus tôt que celles-ci (1) ». D'après M. E. Tisserand (2), ce fait prouverait que le végétal se comporte dans le nord comme une machine plus perfectionnée et d'un rendement supérieur à celui des plantes méridionales; qu'en d'autres termes, la plante gagne en activité, en vitesse d'élaboration ce qu'elle ne peut avoir dans les hautes latitudes, ni en temps, ni en chaleur. On pourrait, il me semble, interpréter ce phénomène en admettant que les graines transportées du nord au sud trouvent des conditions climatériques plus favorables au développement de l'embryon qu'elles contiennent et du végétal qui en est la suite. Ce que l'action de la lumière perd en durée à mesure qu'on se dirige vers l'équateur, elle le gagne en intensité. Le volume de la graine, qui est pour une même espèce plus considérable dans le nord que dans le midi, la richesse plus grande des graines septentrionales en huiles essentielles sont peut-être aussi une des causes de cette activité de développement et de ce surcroît de vitalité. L'embryon de ces graines n'est point, à mon avis, comparable à une machine plus perfectionnée et d'un rendement supérieur; c'est une machine identique mais mieux alimentée par la réserve de matériaux combustibles et réparateurs contenus dans le périsperme. L'abondance des huiles essentielles dans la semence contribue peut-être à fournir à l'embryon, dans les pays du nord, les matériaux d'oxydation nécessaires pour entretenir sa température pendant la germination et lutter contre les rigueurs du climat.

(1) Grandeau, *Op. cit.*, p. 271. — Voy. *Recherches sur les graines originaires des hautes latitudes*, par A. Petermann, 1877.

(2) *Mémoire sur la végétation dans les hautes latitudes*, cité par Grandeau, . 271.

Il résulte, d'autre part, des observations de M. Tisserand, que le froment cultivé dans le nord de la Norvège n'a pas la même composition que celui de France et d'Algérie. « Plus on monte vers le nord, plus on s'élève au-dessus du niveau de la mer, plus la température baisse sans que le degré d'éclairement varie dans le même sens, et plus aussi on voit augmenter la production des principes amylacés par rapport aux produits azotés. Les blés de Lynden ont, à poids égal, moins de gluten que ceux de France, et ceux-ci moins que les blés d'Afrique. D'un autre côté, l'orge d'Alten semé à Vincennes le 7 avril par M. Tisserand était mûr le 18 juin, en avance de trente-sept jours sur l'orge de France. Elle a donc exigé, pour arriver à maturité, une somme de chaleur moindre que l'orge de France cultivée à côté. Par contre, si, comme l'a fait le professeur Schubeler, on importe à Christiania des semences tirées du 40e ou du 50e degré de latitude, on remarque que ces semences y arrivent à maturité beaucoup plus tard que les plantes norvégiennes à peu près dans le même temps que dans leur pays d'origine (1) ». Les caractères se modifient assez promptement; au bout de quelques générations « les plantes s'acclimatent, plus ou moins vite suivant leur nature et l'étendue des variations de climat qu'on leur impose; il se produit en elles un changement fonctionnel auquel correspond un changement organique dont les éléments nous échappent souvent. Il n'est donc nullement nécessaire, comme le fait judicieusement observer M. Marié Davy, que chaque phase de végétation corresponde à une somme constante de chaleur dans des climats très différents. Ce qu'il nous importe de connaître, ce sont les limites entre lesquelles cette somme peut changer pour une même espèce avec ses adaptations à des climats divers, la valeur qu'elle prend dans chaque climat et le degré de fixité qu'elle en garde d'une année à l'autre. C'est un point de la science que nous ne connaîtrons bien que quand nous aurons substitué la mesure des températures au soleil à celle

(1) *Ann. Observ. Montsouris*, 1880, p. 190.

des températures à l'ombre (1) ». Ajoutons à cela qu'alors
seulement on pourra juger avec quelque précision du rôle que
l'action plus ou moins prolongée du soleil, considéré en tant
qu'énergie lumineuse, peut jouer dans les divers actes de la
vie végétale.

Mais fixons un instant notre attention sur un fait mentionné
plus haut, la plus grande richesse en amidon du froment des
pays du nord, sa pauvreté en matières albuminoïdes et les
particularités inverses observées sur la même graine dans les
régions méridionales. Connaissant la quantité de chaleur dégagée par la combustion des matières amylacées et des matières protéiques, il nous est facile de déterminer par la proportion de ces deux ordres de substances dans les deux cas,
quelle quantité d'énergie a été emmagasinée par la formation
de la graine dans ces diverses conditions ; quelle quantité
d'énergie par conséquent la semence pourra fournir au développement de son embryon soit au moment de la germination,
soit dans la période végétative elle-même. Bien que les équivalents thermiques de ces substances n'aient pas encore été
établis d'une manière définitive, cependant les travaux récents
de Frankland et de Williamson, nous apprennent que d'une
manière générale, les quantités de chaleur dégagées par la
combustion totale dans l'oxygène, de poids égaux de substance
amylacée et de substance albuminoïde varient dans un rapport de 3,9 à 4,9 et même 6,4 ; que par conséquent l'équiva-
lent thermique de la matière azotée est notablement plus considérable que celui de l'amidon. D'autre part, les matières
albuminoïdes sont certainement des produits plus complexes
au point de vue chimique, plus évolués au point de vue physiologique, que les substances amylacées. Les graines des pays
chauds paraissent donc, par le fait même de leur richesse plus
grande en albumine, avoir atteint un développement plus complet que les graines des pays froids ; les premières ont emma-
ganisé pour leur formation une plus grande somme d'énergie

(1) *Op. cit.*, p. 196.

totale que les graines plus pauvres en albumine et plus riches en amidon. Qui sait cependant si la présence d'une plus grande quantité d'amidon dans les graines des pays froids n'est point, pour ces derniers, un avantage au point de vue des conditions biologiques qui résultent de la rigueur du climat sous lequel elles se développent, bien que la distinction des aliments en hermiques et plastiques ne soit plus acceptée sous la forme absolue qu'on lui avait donnée tout d'abord?

Un fait cependant se dégage nettement de ces différences, c'est que la quantité d'azote contenue dans les graines augmente à mesure que l'on se rapproche des pays chauds. Si cette particularité était vérifiée pour un nombre suffisant de semences, on serait en droit de supposer que la formation des réserves de matières albuminoïdes dans la graine est surtout en rapport avec le degré de la température et la formation, des réserves ternaires, amylacées ou autres, en rapport avec la durée de l'éclairement et le fonctionnement de l'appareil chlorophyllien, suivant l'opinion de M. Flahault.

Si l'on jette maintenant un coup d'œil général sur la répartition actuelle de la flore à la surface de la terre et qu'on la compare à la répartition de la lumière solaire, on reconnaît facilement que le nombre et le degré d'évolution des plantes et de la vie en général, offre une marche croissante à mesure qu'on s'éloigne des pôles pour se rapprocher de l'équateur, c'est-à-dire à mesure que l'action de la lumière et de la chaleur devient plus énergique ; mais en revanche plus on avance vers le nord, plus la longueur croissante des jours, plus la lumière directe ou diffuse remplace utilement la chaleur pour la végétation. Mais la durée du séjour du soleil au-dessus de l'horizon n'est pas la seule condition à considérer au point de vue de la quantité de lumière que reçoit le sol. « La hauteur du soleil variant avec les diverses latitudes, l'intensité de la lumière qui arrive jusqu'à la terre varie également d'une manière très notable. Le pouvoir lumineux du soleil étant 1000, la surface du sol, sous l'équateur, recevra 378 unités de lumière ; sous le 40° degré latitude nord, 228, et dans la région polaire 100 seulement (1). « L'intensité de la lumière s'accroît par conséquent d'une manière progressive des pôles à l'équateur, en même temps que diminue la durée de l'éclairement.

On peut dès lors admettre d'une manière générale que le mode de répartition des êtres vivants à la surface de la terre et leur degré d'évolution sont liés d'une manière intime à la répartition même de la lumière solaire. Il est même permis de supposer qu'il en est ainsi pour toutes les planètes où la vie existe. D'où cette conclusion que, toutes les autres conditions étant égales d'ailleurs, le degré d'évolution de la vie à la surface de ces planètes est nécessairement en rapport inverse avec la distance qui les sépare du soleil. A ce point de vue, la terre se trouve au nombre des planètes privilégiées, puisqu'elle est la plus rapprochée du soleil après Mercure et Vénus.

L'action de la lumière et de l'obscurité sur les végétaux a été, depuis la fin du dernier siècle, l'objet d'un très grand nombre de travaux. On ne s'est pas contenté de rechercher l'action de la lumière blanche sur les diverses fonctions des plantes. La lumière solaire étant composée de radiations très différentes par les propriétés de leurs ondes, on a supposé que ces radiations devaient aussi différer par leurs effets et que chaque espèce de rayon lumineux devait être considérée, suivant l'amplitude de ses vibrations et la longueur de ses ondes, comme une force spéciale ayant sur les végétaux des effets spéciaux. On chercha donc, en s'adressant successivement à chacun des éléments du spectre solaire, à déterminer quels sont les rayons qui agissent le plus activement sur la vie végétale.

Mais les radiations solaires suivant l'impression particulière qu'elles produisent sur nos sens ou sur les objets extérieurs, nous apparaissent douées d'une triple modalité : *calorifiques* quand elles frappent notre corps, *lumineuses* quand elles impressionnent notre rétine, *chimiques* quand elles dédoublent

(1) F. Haberlandt, *Der landwirthschaftliche Pflanzenbau*, 5e livr., cité par Grandeau. *Op. cit.*, p. 397.

A. Pauchon. 3

certains composés ou en font combiner d'autres. En réalité, ces propriétés différentes, inséparables par la réfraction, ne sont au fond qu'une seule et même chose, de la force vive, et le rapport de leur intensité présente normalement des variations considérables dans toute l'étendue du spectre, variations qui peuvent être portées à l'extrême par les changements atmosphériques. Dans l'état actuel, la physique ne nous fournit aucun moyen rigoureux et pratique de séparer les trois modalités d'énergie qui coexistent dans les rayons solaires. Au point de vue physiologique, il est donc très difficile de discerner ce qui tient à l'action du soleil en tant qu'énergie calorifique, lumineuse ou chimique; les assertions contradictoires émises tour à tour sur ce point, en ce qui concerne la chlorophylle, en sont la meilleure preuve.

On sait cependant que sur la matière verte des végétaux tous les rayons du spectre n'agissent pas en raison de leur énergie propre; ceux-là seuls sont actifs qui ne sont ni réfléchis, ni transmis, mais absorbés par la plante. De récentes recherches ont justement démontré que la chlorophylle était douée par sa couleur même, d'un pouvoir électif très marqué. M. Timiriazeff (1) a constaté qu'une lumière même très intense qui a traversé une certaine épaisseur de tissu vert n'a plus aucune action sur le phénomène de réduction de l'acide carbonique; qu'elle se conduit en un mot comme l'obscurité. D'autre part, M. P. Bert a fait des expériences encore plus probantes : ayant exposé des plantes à l'influence d'une lumière qui avait préalablement traversé une solution de chlorophylle, il a constamment observé, même dans les cas où la solution était très étendue, un arrêt complet de développement de la matière verte, bien que l'éclairement fût cependant assez intense. Inversement il a vu le verdissement normal se produire alors que le végétal ne recevait qu'une lumière filtrée par une solution d'iode dans le sulfure de carbone. Or on sait que ce mélange jouit de la propriété d'absorber les rayons visibles du

(1) *C. R. Ac. Sc.*, 1877.

spectre solaire, mais que ce pouvoir absorbant diminue avec une rapidité extraordinaire quand on approche du rouge dont les radiations seules traversent la solution avec la presque totalité des rayons invisibles. C'est donc à la radiation rouge qu'est dû le développement de la chlorophylle d'après les expériences en partie inédites que je viens de mentionner et que M. P. Bert a bien voulu me communiquer.

Si la lumière n'agit sur les êtres vivants que par les éléments qu'ils en absorbent, on comprend sans peine qu'au lieu de rechercher expérimentalement l'action de chaque couleur élémentaire sur le fonctionnement de certaines parties constituantes, on puisse aborder le problème par une autre voie en déterminant quelles sont les parties de la lumière absorbées par tel ou tel élément, résultat que l'emploi du spectroscope permet d'atteindre dans un certain nombre de cas. C'est ainsi que nous aurons recours à cette méthode pour l'étude des matières colorantes du spermoderme et de leur rôle physiologique dans la germination.

§ 2. — Action de la lumière sur les végétaux à protoplasme incolore (champignon-embryon végétal).

Quand on parcourt l'ensemble des travaux consacrés à l'étude de l'action de la lumière sur les végétaux, on est frappé de la direction uniforme que les auteurs ont donnée à leurs recherches. Les phénomènes de la vie, en effet, qu'on les envisage au point de vue général ou au point de vue plus limité de la physiologie végétale sont de deux ordres : les uns constituent les phénomènes de *création* ou de *synthèse vitale*, les autres ceux de *destruction vitale* toujours réductibles en faits d'oxydation ou de fermentation. La lumière exerce très probablement son influence sur les fonctions diverses d'où dépendent ces deux ordres de phénomènes et cependant on a jusqu'à ce jour étudié d'une manière presque exclusive, la seule influence de la lumière sur les phénomènes de synthèse accomplis par les végétaux à l'aide de leur appareil chlorophyllien et aux dépens de l'air atmosphérique. Dans cette voie, des résultats considérables ont été acquis et le rôle de la lumière pour ce qui touche à cet ordre de faits ne peut être résumé sous une forme plus délicate et plus gracieuse que dans la phrase suivante que j'emprunte à Moleschott (1) : « Fleurs, feuilles et fruits sont des êtres tissus d'air par la lumière. Quand nous contemplons leurs éclatantes couleurs et que de doux parfums font naître une satisfaction sereine dans l'âme poétique qui sommeille intérieurement chez tous les hommes, c'est encore la lumière qui est la mère de la couleur et du parfum. »

Mais la nutrition des végétaux verts eux-mêmes ne se fait pas toujours par le fonctionnement de la matière chlorophyllienne. Sans parler des cas où la plante étiolée continue à vivre dans l'obscurité après avoir perdu son appareil de synthèse, il existe pour chaque végétal une période transitoire pendant laquelle il est dépourvu de matière verte et se nourrit aux dépens d'une réserve contenue dans la graine ; il existe même dans le règne végétal quelques plantes normalement dépourvues de chlorophylle, les parasites phanérogames et les champignons, qui, pendant toute leur existence, puisent directement leurs éléments nutritifs déjà élaborés dans les matières organiques vivantes ou mortes sur lesquelles ils ont pris naissance. Le processus de synthèse créatrice est alors singulièrement abrégé et simplifié, tandis que les rapports de la plante parasite avec le milieu aérien se trouvent limités aux phénomènes de respiration générale ou de destruction organique.

Quelle est l'action de la lumière et de ses éléments sur ces êtres à protoplasme incolore ? Nous ne savons presque rien de ce qui concerne ce problème. Il serait cependant très intéressant de déterminer l'influence exercée par le soleil sur la nutrition intime du protoplasme non chlorophyllien. A cause des nombreuses analogies physiologiques qui existent entre la vie de l'embryon pendant la germination et celle des végétaux parasites à protoplasme incolore, nous croyons utile d'exami-

(1) *Op. cit.*, p. 709.

ner avec quelques détails la question assez controversée de l'influence de la lumière solaire sur les Champignons. Nous limiterons cette étude à l'action comparative de la lumière blanche et de l'obscurité sur ces végétaux, en laissant de côté ce qui touche à la germination des spores, dont il sera parlé ultérieurement.

Dutrochet (1) a prétendu que les Champignons n'ont pas besoin de lumière pour vivre et se développer. On a même affirmé que l'obscurité est une condition favorable à leur développement, par opposition avec ce qui se passe chez les végétaux verts dont l'évolution normale exige au contraire l'action de la lumière. On a surtout invoqué à l'appui de cette opinion les faits de culture artificielle des Champignons comestibles dans les caves et dans les carrières, et on a conclu trop hâtivement à l'utilité de l'obscurité et à la nocivité de la lumière. Je ne pense pas que l'on soit en droit de tirer des faits actuellement connus une conclusion aussi générale. C'est ce qu'il est facile de démontrer en parcourant les ouvrages qui se sont accessoirement occupés de la question.

MM. Tulasne (2) ont réuni de nombreux exemples de Champignons contrariés dans leur développement par le défaut de lumière : tels sont les faits publiés par Scopoli, Bulliard, de Humboldt et G. F. Hoffman. Ces auteurs invoquent d'autre part, en faveur des bons effets de l'obscurité, les observations de Turpin sur l'*Agaricus crispus*, celles de Hoffman sur certaines espèces de Polypores et de Mérules, celles qu'ils ont faites eux-mêmes sur le *Tremella mesenterica*. Ils admettent cependant que « si le Champignon hyménomycète qui par accident végète dans les ténèbres ne demeure *pas entièrement stérile*, il y prend des formes anormales et telles qu'on a peine à reconnaître son type spécifique ». C'est ce qu'ils ont vérifié pour quelques Bolets, des Mérules et des Pézizes. Ils ont même signalé dans ces cas une anomalie assez fréquente consistant en ce que l'hyménium ne se développe plus sur la surface du

(1) *Nouv. Arch. du Muséum*, t. III, p. 59.
(2) *Histoire et monographie des champignons hypogés*, 1862, p. 3.

Champignon tournée vers la terre, mais au contraire sur la face
opposée, fait déjà constaté au Brésil par Weddell sur le *Schi-
zophyllum commun* Fr.... Enfin MM. Tulasne mentionnent les
formes anormales de mycélium produites sous la même influence. Malgré ces faits assez nombreux, ils considèrent néanmoins les Champignons comme des plantes généralement lucifuges et signalent particulièrement, comme végétant mal dans
les lieux éclairés, un certain nombre de Gastéromycètes, les
Lycoperdacéeset les Tubéracées, tous ceux qui appartiennent
aux groupes des Hypoxylées, des Urédinées et des Mucédinées,
enfin quelques Hyménomycètes.

Dans leur rapport sur l'ouvrage des frères Tulasne, A. de
Jussieu et Ad. Brongniart (1) sont plus affirmatifs; ils considèrent cette existence entièrement soustraite à l'action de la
lumière comme une anomalie, même parmi les végétaux de la
classe des Champignons qui recherchent habituellement les
lieux peu éclairés. « Les Champignons ordinaires, disent-ils,
ne peuvent pas vivre dans une obscurité complète sans être
profondément altérés dans leur forme et dans leur structure,
et sans devenir imparfaits et stériles. Aussi la lumière, quoique
nécessaire à un moindre degré aux Champignons qu'aux végétaux ordinaires, est presque toujours indispensable à leur développement régulier, au moins dans la période de leur repro-
duction. »

Léveillé (2) a observé que les champignons sont vivement
influencés par la lumière et qu'ils la recherchent comme les
autres végétaux : les phénomènes d'héliotropisme y sont même
très accentués. Il affirme que « l'absence de lumière, si marquée sur les plantes, l'est encore davantage sur les Champignons » et il cite à l'appui de son dire, les Champignons ren-
contrés dans les mines et en particulier les *Rhizomorpha* qui
n'y atteignent jamais leur développement complet.

Un des meilleurs et des plus récents parmi les travaux consacrés à l'étude du rôle de la lumière sur le développement des

(1) *C. R. Ac. sc.*, t. XXXI, p. 876.
(2) *Considérations mycologiques*, etc., p. 39.

Champignons est sans contredit celui de O. Brefeld (1), présenté à la *Société des Amis des sciences naturelles* de Berlin.

Les expériences qui y sont minutieusement relatées démontrent en effet de la manière la plus nette que les Champignons étudiés par cet auteur, bien qu'influencés à des degrés divers, ne peuvent jamais parcourir le cycle entier de leur développement normal quand ils sont soustraits à l'influence des rayons lumineux. C'est ainsi que cultivé dans l'obscurité, le *Pilobolus microsporus* produit un réceptacle fructifère normal et que son pédicelle seul s'allonge démesurément tandis que le *sporange* ne se développe pas : finalement le végétal périt sans avoir fructifié. Dans le *Coprinus stercorarius*, Brefeld a constaté aussi un allongement anormal du pied et l'avortement du chapeau, sur lequel se font des bourgeonnements secondaires de corps fructifères. Enfin, dans le *Coprinus ephemerus*, le chapeau se développe irrégulièrement ; il produit des spores qui mûrissent incomplètement, mais ne possèdent pas la faculté de germer. Ajoutons que, dans tous ces cas, les phénomènes de dégénérescence s'amendent notablement, si l'on fait intervenir la lumière avant épuisement complet.

Il est donc évident que, dans les expériences de Brefeld, la privation de lumière a été pour les Champignons la cause d'un arrêt de développement bien manifeste, ce qui contredit formellement les idées généralement admises relativement à l'influence de la lumière sur ces parasites.

L'étude des Champignons qui constituent les ferments alcooliques du genre Saccharomyces n'a pas encore été faite au point de vue particulier de l'action de la lumière. Cependant nous savons que la fermentation alcoolique n'est le plus souvent que le résultat de l'existence même de ces êtres inférieurs : or, MM. Dumas (2) et P. Schutzenberger (3) nous affirment que la marche de cette fermentation est plus lente

(1) *Bot. Zeitg.*, n°s 24 et 25, 1877.
(2) *Recherches sur la fermentation alcoolique.* (*Ann. de chim. et de phys.*, 5e série, t. III, p. 105.)
(3) *Les fermentations*, 1876, p. 134.

dans l'obscurité qu'à la lumière : ce qui permet de supposer
que la vie du ferment est activée par la radiation solaire. Il
y aurait lieu de vérifier ce fait indiqué par la théorie et qui
viendrait encore se joindre aux précédents pour combattre
l'idée de l'influence nocive de la lumière sur les Champignons.

Il est d'ailleurs facile de constater qu'à l'état de nature
le plus grand nombre des Champignons vit à la lumière et non
dans l'obscurité, et que l'obscurité absolue est même pour ces
végétaux une condition de vie tout à fait exceptionnelle. Bien
que ces parasites aient les habitats les plus divers, on peut
dire cependant qu'ils végètent partout où ils rencontrent de
la matière organique susceptible de fournir à leur développement un aliment nécessaire et directement absorbable.

Si certains Champignons se développent dans les endroits
obscurs, on doit probablement en chercher la cause, non pas
dans l'action favorable de l'obscurité, comme on l'a fait trop
souvent, mais plutôt dans la réunion de certaines conditions
biologiques favorables qui permettent à ces végétaux de vivre
et de s'accroître malgré l'absence de la lumière.

En ce qui concerne l'*Agaricus campestris*, cultivé dans les
carrières des environs de Paris, MM. Tulasne (1) le considèrent comme un exemple probant de la bonne influence de
l'obscurité. Il nous paraît impossible d'accepter cette opinion :
toutes les variétés d'Agarics comestibles peuvent en effet
être cultivées artificiellement aussi bien dans les endroits
obscurs qu'en plein air. Le principal avantage de la culture
souterraine réside surtout dans la température égale et l'humidité constante que présentent les carrières, conditions par
suite desquelles les Champignons peuvent y être obtenus en
toute saison.

L'ensemble des faits qui précèdent me conduirait donc à
contredire une assertion avancée dans une publication récente
par M. de Lanessan (2). Celui-ci, en effet, n'a pas craint d'affirmer comme chose démontrée « que les végétaux dont le

(1) *Op. cit.*, p. 3, note 2.
(2) *Manuel d'histoire naturelle médicale*, 1re partie, p. 198.

protoplasme est incolore peuvent se développer complètement dans l'obscurité la plus profonde », contrairement à ce
qui se passe pour les végétaux verts. Tout démontre, au contraire, que c'est là une erreur : M. de Lanessan a considéré
comme une loi générale de la vie des êtres à protoplasme incolore ce qui n'est qu'une anomalie, même parmi ces êtres. Car
l'étude des faits actuellement connus permet de conclure que
la lumière est favorable au développement normal des Champignons, comme à celui de tous les autres végétaux. Dans tous
les cas où cette action a été étudiée d'une manière vraiment
scientifique, le résultat a toujours été identique, c'est-à-dire
absolument contraire à l'opinion généralement acceptée, qui
ne repose d'ailleurs que sur une interprétation discutable de
données purement empiriques. Nous n'affirmons pas que l'influence bienfaisante de la radiation solaire sur les Champignons doit être considérée comme une règle sans exception ;
mais nous insistons sur ce point que presque toutes les observations rigoureusement faites sont favorables à notre manière
de voir, et il n'est pas douteux pour nous que les recherches
qui seront ultérieurement entreprises ne viennent encore
diminuer le nombre des Champignons qualifiés de *lucifuges*, et
établir d'une manière générale et indiscutable l'action utile
et souvent nécessaire de la lumière sur l'ensemble des végétaux
à protoplasme incolore.

Il y aurait, dès lors, lieu de rapprocher ce résultat de ce qui
a été observé sur les animaux, et d'établir par là une nouvelle
similitude entre les lois générales qui régissent les deux règnes.
C'est ainsi que W. Edwards (1) a constaté que des œufs de
grenouille placés dans un vase transparent exposé à la lumière se développaient successivement, tandis que dans un
vase maintenu à l'obscurité, aucun œuf ne parcourait ses
phases. Il a noté, d'autre part, que des têtards, placés dans un
vase éclairé, subissaient leurs métamorphoses, tandis qu'un
seul se développait parmi les deux qui étaient placés dans un

(1) *Traité de l'influence des agents physiques sur la vie*, 1824.

vase obscur. Ces observations l'ont donc amené à conclure que l'absence de lumière entrave le développement des œufs ou des larves de grenouille. Les recherches de Schnetzler (1) démontrent, en outre, que la privation de lumière retarde chez les Grenouilles le développement des poumons et des membres. Enfin, dans des expériences récentes, E. Yung (2) a noté que les têtards placés dans l'obscurité ont un retard de croissance comparativement à ceux qui sont exposés à la radiation solaire, et que les œufs de Grenouille et de Lymnée privés de lumière se développent plus lentement.

Entre ces faits et les particularités observées sur les Champignons, l'analogie est frappante et d'autant plus naturelle qu'il s'agit, dans ce dernier cas, d'êtres à protoplasme incolore, offrant une identité complète au point de vue de la nutrition et de la respiration.

Mais il ne suffit pas d'avoir montré quelle est l'action générale de la lumière sur les êtres dépourvus de chlorophylle : l'analyse physiologique peut être poussée plus loin, et il y a lieu de distinguer la double action de la radiation solaire sur les phénomènes de synthèse et sur ceux de destruction vitale. En ce qui touche le premier ordre de faits, les résultats précédemment signalés indiquent suffisamment la puissante influence de la lumière sur les phénomènes de synthèse nutritive et organisatrice aussi bien chez les plantes que chez les animaux.

Quant aux phénomènes de destruction organique ou de combustion, l'action exercée sur eux par la lumière n'est encore démontrée que chez les animaux. Les recherches de Moleschott (3) ont établi en effet que, toutes choses égales d'ailleurs, la quantité d'acide carbonique exhalée par les Grenouilles en expérience augmente avec le degré de l'intensité lumineuse, et atteint sa limite inférieure dans l'obscurité complète ; ce qui, d'après ce physiologiste, revient à dire que

(1) *Bibl. univ. de Genève*, 1874, t. LI, p. 250.
(2) *Arch. de Zool. Expériment. et gén.*, 1878, t. VII, n° 2, p. 251.
(3) *Op. cit.*, p. 700.

la lumière du soleil accélère le travail moléculaire chez les animaux. Ce fait, entrevu depuis longtemps, est même utilisé d'une manière empirique par les éleveurs qui placent les animaux destinés à l'engraissement dans un clair obscur. La lumière se traduirait donc chez les animaux par un accroissement des oxydations, par une augmentation d'énergie de l'acte respiratoire.

On peut, il est vrai, objecter que les expériences de Moleschott lui-même, corroborées par celles de M. J. Béclard et de Bidder et Schmidt, démontrent que cette augmentation des phénomènes nutritifs révélée par la production d'une grande quantité d'acide carbonique est en grande partie, sinon en totalité, le résultat d'une excitation se propageant aux centres nerveux par les nerfs optiques. En effet, la quantité d'acide carbonique exhalée par les voies respiratoires d'animaux aveuglés était, dans ces expériences, à peu près égale le jour et la nuit, tandis que la quantité rendue par les animaux qui n'avaient pas subi cette mutilation était un peu plus grande le jour que la nuit.

Il y aurait donc lieu de rechercher si la lumière augmente l'exhalation de l'acide carbonique chez les animaux dépourvus d'yeux ou de tout autre organe extérieur susceptible de fonctionner d'une manière analogue, mais doués cependant de la faculté de percevoir les radiations lumineuses et d'apprécier dans quelle direction elles viennent les frapper. On pourrait étudier à ce point de vue les larves de Diptères et les Balanes adultes, qui, d'après G. Pouchet (1), sont précisément dans ce cas. Il est permis de supposer que les résultats observés seraient conformes à ceux déjà constatés sur les animaux non mutilés. Si chez ces derniers l'accélération de l'acte respiratoire, sous l'influence de la lumière, se produit par l'intermédiaire des nerfs optiques, cela tient uniquement à ce qu'un organe est spécialement destiné à recevoir cette action des rayons lumineux. Mais à mesure qu'on descend dans la série animale, cette localisation s'atténue de plus en plus; la fonc-

(1) *Revue et Magazin de Zool.*, 2ᵉ série, 1871, t. XXIII, p. 110.

tion se diffuse et se généralise dans toutes les parties du corps et, en fin de compte, dans le protoplasme lui-même. L'action de la lumière doit donc théoriquement continuer à se produire, et cette hypothèse est confirmée par ce que nous savons de l'influence de la radiation solaire sur les mouvements du protoplasme soit incolore, soit chlorophyllien. Un premier exemple de cette action nous est offert par les plasmodies d'Æthalium se contractant sous l'influence de la lumière.

D'autre part, en ce qui a trait au protoplasme chlorophyllien, les recherches de Famintzin (1) sur les feuilles du *Mnium* démontrent que les grains de chlorophylle exécutent normalement et chaque jour des mouvements dans les cellules qui les contiennent, que cette migration des grains ne s'effectue que sous l'influence de la lumière, et qu'enfin leur position diurne ne se produit que par les rayons les plus réfrangibles de la lumière artificielle, le jaune agissant comme l'obscurité. Ce que Famintzin et après lui Borodin (2), Prillieux (3) et Roze (4) ont dit des mouvements des grains chlorophylliens sous l'influence de la lumière s'applique d'une manière complète aux mouvements du protoplasme qui enveloppe ces éléments : les variations de la lumière influencent nettement le protoplasme vert des Mousses, des prothalles de Fougères et des Phanérogames. Or l'action de la lumière frappe directement et exclusivement le protoplasme et si les grains de chlorophylle sont entraînés, ce ne peut être que mécaniquement. C'est en effet l'opinion adoptée par J. Sachs et confirmée d'ailleurs par les recherches de Frank (5).

Mais d'autre part, si la lumière, de même que la chaleur active les mouvements protoplasmatiques, ne peut-on supposer qu'elle est par cela seul et comme cette dernière une

(1) *An. sc. nat.*, 5e série, t. VII, p. 203, et *Bull. de l'Ac. des sc. de Saint-Pétersbourg*, 1866, VI, p. 162-171.

(2) *Bull. de l'Ac. des sc. de Saint-Pétersbourg*, 1867, VI; *ibid.*, 1869, XIII.

(3) *C. R. Ac. Sc.*, LXX, p. 46.

(4) *C. R. Ac. Sc.*, 1870, LXX, p. 133.

(5) *Bot. Zeitg.*, 1872, cité par J. Sachs (*Physiol. végét.*).

cause accélératrice des oxydations ? Les travaux récents de physiologie générale, et surtout ceux de M. P. Bert, nous apprennent que la respiration est une propriété inhérente à toutes les particules vivantes, et que le fonctionnement respiratoire est toujours activé par le mouvement, que ce mouvement ait son siège dans un organisme, dans un tissu, dans un organe ou dans un élément anatomique. Si cette hypothèse était justifiée, nous serions conduits à établir entre ces trois termes : lumière, mouvements protoplasmatiques et respiration, une étroite relation directement applicable à tous les végétaux et surtout à ceux qui sont dépourvus de chlorophylle. Ces derniers, en effet, et parmi eux les Champignons, sont le siège de phénomènes de destruction organique tout à fait analogues à ceux qui se passent chez les animaux, c'est-à-dire se traduisant par une absorption continue d'oxygène et une exhalation à peu près correspondante d'acide carbonique. Existe-t-il encore dans l'action de la lumière sur la respiration générale de ces végétaux une nouvelle analogie physiologique entre les deux règnes ? On peut poser la question, mais les données nécessaires pour la résoudre d'une manière satisfaisante font encore défaut.

Il est cependant un fait qui me paraît être de nature à jeter quelque clarté sur la solution du problème. Dans des expériences où il recherchait la quantité d'acide carbonique dégagé par des plantes étiolées placées à l'obscurité, à la lumière diffuse et à la lumière solaire, M. Morot (1) a constaté qu'à l'obscurité les plantes dégagent un peu moins d'acide carbonique qu'à la lumière diffuse; qu'à la lumière diffuse le dégagement est d'autant plus considérable que la plante est plus jeune; enfin qu'à la lumière solaire les plantes exhalent une quantité d'acide carbonique beaucoup plus considérable qu'à la lumière diffuse dans les mêmes circonstances : ce dernier phénomène est très apparent quand les plantes choisies

(1) *Recherches sur la coloration des végétaux* (*Ann. sc. nat.*, 3e série, 1850, t. III, pp. 206 et suiv.

sont trop âgées pour verdir promptement, car l'acide
carbonique n'est plus alors partiellement décomposé par le
fonctionnement de l'appareil chlorophyllien. Ces résultats
semblent venir à l'appui de l'hypothèse que nous avons faite
relativement à l'action de la lumière sur la respiration des
végétaux achlorophylliens. Les feuilles étiolées ne représentent
en effet que des amas de protoplasme incolore et doivent physiologiquement vivre comme ce dernier, tant que la matière
verte ne s'est pas reproduite.

Je dois dire toutefois que des recherches récentes entreprises par MM. Dehérain et Moissan (1) sembleraient donner
à ces faits une autre interprétation. Ces auteurs en effet ont
constaté que conformément au résultat déjà obtenu par Gar-
reau et par Böhm, la quantité d'acide carbonique émise par
les végétaux augmente régulièrement avec l'élévation de la
température, fait analogue à ce qu'on observe chez les animaux. D'après eux, « tandis que le phénomène de nutrition
qui s'accuse par le dégagement d'oxygène, tandis que la transpiration qui favorise le transport des principes immédiats
solubles d'un organe à l'autre, sont déterminés par l'intensité
lumineuse, la respiration, au contraire, est plus directement
en relation avec la chaleur obscure ». Par là s'expliqueraient
les avantages que les plantes retirent dans les pays du nord,
de leur séjour dans les serres ou sous des vitrages. Ainsi abritées, elles perdent une partie des radiations lumineuses dont
elles auraient bénéficié en plein air, mais elles séjournent dans
un milieu plus chaud. « Or, l'énergie de la respiration s'accroissant avec la température, le développement des plantes
étant aussi singulièrement activé par cette même élévation de
température, il semble qu'il existe entre les phénomènes une
liaison encore mal définie et qu'il serait utile de préciser (2). »
« Si la chaleur obscure hâte la croissance des végétaux, con-
cluent les auteurs de ce travail, c'est en activant les phéno-

_____

(1) *De la végétation dans l'obscurité* (*An. sc. nat.*), 1874, t. XIX, p. 329 et
suiv.

(2) *Op. cit.*, p. 330.

mêmes de combustion intérieure nécessaires à la formation de nouveaux principes immédiats. »

Ces expériences me paraissent indiscutables en ce qui concerne le fait matériel lui-même, c'est-à-dire l'accélération de la respiration sous l'influence de la chaleur; mais il resterait à démontrer que dans les recherches de Morot précédemment citées, c'est à la différence de température et non à la différence de lumière que sont dues les variations observées dans l'exhalation de l'acide carbonique. Les analogies physiologiques me porteraient plutôt à supposer que les choses doivent se passer chez les végétaux de la même façon que chez les animaux, c'est-à-dire que la lumière doit influencer la respiration des uns et des autres.

J'aurai d'ailleurs occasion, dans le cours de ce travail, de rechercher quelle est au point de vue respiratoire, cette action de la lumière pendant la période germinative et de contrôler si ce cas particulier s'accorde avec la théorie générale.

MM. Mayer et Wolkoff [1] ont recherché si la lumière exerce une action directe sur la respiration des plantes et ont abouti au résultat suivant : « Dans une longue série d'expériences, disent-ils, il nous a semblé avoir constaté une influence appréciable de la lumière en faveur de la respiration. Mais plus nous mettions d'exactitude dans nos travaux, plus nous devenions maîtres des difficultés expérimentales qui exigeaient principalement de conserver une température parfaitement égale, plus nous arrivions à l'évidence de ce fait : que l'influence de la lumière sur la respiration des plantes est inappréciable et ne se trouve dans aucun rapport avec l'accroissement en longueur. »

J'avoue que la lecture très attentive des résultats de ces expériences m'a inspiré des doutes sur la conséquence qu'en ont déduit leurs auteurs. Ces trois expériences en effet ont porté sur des végétaux mutilés : la première sur des plants de *Tropæolum majus* dépouillés de cotylédons et de feuilles,

(1) *Ann. sc. nat.*, 6ᵉ série, 1875, t. 1, p. 259.

réduits à la tige et à la racine ; la seconde sur des racines de
Vicia faba ; la troisième enfin sur des plants de *Tropæolum*
privés de cotylédons, de racines et de feuilles. Or si les racines
sont dépourvues de chlorophylle, il n'en est pas de même des
tiges de *Tropæolum* qui en contiennent, au contraire, en quantité notable. Il en résulte que dans la première et la troisième
expérience, le phénomène respiratoire proprement dit a pu
être plus ou moins masqué par le fonctionnement de l'appareil
réducteur, c'est-à-dire que l'acide carbonique, comme le dit
fort bien J. Sachs (2), peut n'avoir pas été exhalé en totalité,
mais décomposé dans les tissus même des parties vertes. On
constate, en effet, que dans ces expériences, la quantité d'oxygène absorbé a été notablement plus considérable à l'obscurité
qu'à la lumière diffuse ou directe. Dans l'expérience 1, où le
rôle de la chlorophylle était un peu plus réduit, ce résultat est
moins accentué ; cependant le maximum d'absorption d'oxygène répond encore à l'obscurité. Quant à l'expérience 3, portant exclusivement sur des racines, c'est-à-dire sur des organes
dépourvus de chlorophylle, elle comprend six observations
faites d'heure en heure alternativement à la lumière et à l'obscurité. Les deux premiers résultats n'offrent pas de différence ;
pour les deux autres bien qu'il y ait un avantage de $\frac{1}{10}$ de degré
de température en faveur de l'obscurité, la quantité d'oxygène
absorbé a été sensiblement supérieure à la lumière ; enfin les
deux dernières observations donnent encore un avantage très
minime en faveur de la lumière. Nous sommes donc amené à
nous demander par quel artifice d'interprétation MM. Mayer
et Wolkoff ont pu tirer de leurs expériences la conclusion rapportée précédemment, lorsque c'est justement une conclusion
contraire qui semble s'en dégager après un examen minutieux.

Du reste, ces expériences présentent des défectuosités qui
nous ont vivement frappé : les chiffres exprimant la quantité
d'oxygène absorbé ont été notés d'heure en heure et ces quantités ne dépassent pas celles des erreurs qui peuvent être com-

(1) *Physiologie végétale*, trad. Micheli, p. 308.

mises normalement dans ces sortes d'expériences. Mais ces résultats sont entachés d'une cause d'erreur plus grave encore : les expériences n'ont été prolongées que pendant 11,8 et 4 heures de jour : or ce temps d'observation est évidemment insuffisant; il fallait que l'expérience fût prolongée au moins pendant 24 heures. Il est possible en effet que les organes exposés à la lumière pendant le jour eussent manifesté quelque différence d'activité respiratoire pendant la nuit, comme je l'ai observé pour les semences en germination.

Les observations de MM. Mayer et Wolkoff sont donc sans valeur au point de vue des résultats, malgré le degré de perfection apportée dans la confection des appareils.

D'après les travaux récents de Pringsheim (1), la respiration des plantes continue et augmente même avec l'intensité de la lumière ; ce n'est point dans l'acte de l'assimilation du carbone que la chlorophylle est décomposée, mais dans l'acte de la respiration végétale proprement dite, par une véritable oxydation. Par son pouvoir absorbant la chlorophylle n'est qu'un régulateur de la respiration ; elle absorbe à la manière d'un écran les rayons chimiques de la lumière et permet à la fonction assimilatrice de l'emporter sur la combustion respiratoire et à la plante de s'accroître. Toutefois cette théorie demande encore de nouvelles preuves.

Le mode d'existence que nous offrent les végétaux à protoplasme incolore, et en particulier les Champignons, se trouve réalisé d'une manière passagère chez la plupart des plantes phanérogames pendant la première partie de leur vie, c'est-à-dire pendant la germination, alors que l'embryon est encore enfermé dans la graine. Durant cette période de son développement, le jeune végétal puise dans la réserve alimentaire que lui constituent l'albumen et les cotylédons les matériaux nécessaires à l'accomplissement des phénomènes de synthèse nutritive et morphologique qui doivent le conduire jusqu'à la phase

(1) *Monatsber dez Kön. Akad. Wiss.*, Berlin, july 1879, et *Bibl. univ. de Genève. Revue de Marc Micheli*, n°9, 15 septembre 1879 et C. R. A. Sc., 1880, p. 161.

A. Pauchon. 4

de végétation proprement dite : l'embryon vit, en un mot, à la manière d'un parasite, aux dépens des substances qui l'entourent, ou, suivant la comparaison de A. P. de Candolle, à la manière d'un enfant nouveau-né jusqu'au moment du sevrage (1).

Pendant la période germinative, l'échange gazeux effectué entre la graine et l'atmosphère se fait différemment de ce qu'il sera plus tard ; l'embryon végétal modifie l'air à la manière des Champignons, des animaux et de l'œuf des oiseaux ; il y puise de l'oxygène et y rejette de l'acide carbonique, produit ultime des phénomènes d'oxydation et de fermentation qui se passent dans la graine.

Mais le processus germinatif ne peut s'accomplir sans l'intervention des agents extérieurs. La graine nous parait être en effet la réalisation la plus satisfaisante de la conception de la vie telle que l'a définie Cl. Bernard : elle nous montre d'une manière frappante la nécessité de l'intervention des deux facteurs, organisation et milieu, pour produire la vie. Tant qu'elle est soustraite à l'action des agents extérieurs, la graine est à l'état de vie latente et d'indifférence chimique ; elle peut rester inerte pendant des années, parfois pendant des siècles, sans perdre la propriété de germer : car la vie y existe toute prête à se manifester dès qu'on lui aura fourni les conditions physico-chimiques nécessaires. On ne saurait donc à l'exemple

(1) P. de Candolle (*Physiol. vég.*, t. II, p. 627) compare en effet la germination du végétal à l'allaitement chez les mammifères ou plus exactement à l'incubation des Oiseaux : l'apparition des feuilles primordiales et le fonctionnement de l'appareil de synthèse organique qui leur est propre indiquent la fin de la germination et correspondent au sevrage. Cette vue de l'esprit n'est d'ailleurs applicable qu'aux Phanérogames. Chez les végétaux moins élevés en organisation, ainsi que le fait remarquer judicieusement M. de Seynes (*De la germination*, 1863, p. 8), la semence n'offre que des éléments très simples et peu organisés qui représentent mieux l'œuf, ce que Schimper a traduit en disant que les Cryptogames sont ovipares et les Phanérogames vivipares. Des exemples d'une viviparité plus rapprochée encore de celle des animaux se rencontrent normalement chez quelques plantes exotiques tels que le Manglier et le *Persea gratissima* exceptionnellement chez quelques céréales de nos climats (blé), où la germination a lieu dans le fruit encore suspendu au végétal.

de la plupart des naturalistes, établir, au point de vue physiologique, une analogie complète entre la graine et l'œuf. L'œuf, en effet, comme le dit Cl. Bernard, ne tombe jamais en état de vie latente ou d'indifférence chimique; « il est seulement à l'état de vie oscillante et reste toujours en relation d'échange matériel avec le milieu. En un mot, l'œuf respire; il prend de l'oxygène et restitue de l'acide carbonique; il ne reste pas inerte dans le milieu ambiant inaltéré » (1). La graine d'ailleurs n'est pas l'ovule de la plante, et c'est l'ovule qui reste à l'état de vie latente, tant que les circonstances extérieures ne se prêtent pas à son développement.

Ces circonstances sont, les unes indispensables, les autres secondaires. Parmi les premières figurent l'action de l'oxygène, de l'eau et de la chaleur; parmi les secondes, l'influence de la lumière. Le rôle de cette influence accessoire a donné lieu aux opinions les plus contradictoires : c'est le motif qui m'a déterminé à rechercher quelle est l'action de l'obscurité et de la lumière sur la marche du processus germinatif et sur les échanges gazeux qui ont lieu entre la graine et le milieu ambiant pendant la germination.

Toutefois il est nécessaire d'établir ici quelques distinctions. La germination est loin d'être un phénomène toujours identique et parfaitement comparable dans tous les degrés de la série végétale. Si l'on se reporte, en effet, à la définition usuelle, d'après laquelle cet acte physiologique a pour objet le développement de toutes les parties de l'embryon jusqu'à sa sortie de la graine et jusqu'à l'apparition d'organes permettant à la jeune plante de vivre par elle-même, on voit que cette définition s'applique parfaitement aux Phanérogames, mais qu'elle ne peut se concilier avec la génération alternante des Cryptogames, à moins qu'on n'admette chez ces derniers l'existence d'une double germination. J'ai donc cru devoir laisser les Cryptogames en dehors de mon travail à cause de la difficulté qu'il y a à caractériser le processus germinatif chez ces

(1) *Leçons sur les phénomènes de la vie*, etc., t. I.

végétaux inférieurs. Ainsi que l'a dit M. de Seynes (1), malgré
la grande simplicité du phénomène initial qui précède le développement de l'individu complet, le nombre et la diversité
des corps reproducteurs sont tels qu'il n'y a peut-être pas en
physiologie végétale de question plus embrouillée que celle de
la germination des Cryptogames.

Mais en dehors des différences qui séparent la graine et la
spore au point de vue de l'homologie, il en est d'autres purement physiologiques : la spore est souvent remplie de chlorophylle, ce qui permet peut-être à ce corps reproducteur de
puiser directement dans le milieu extérieur le carbone nécessaire au nouveau végétal. Dans ce cas, les phénomènes
d'échange gazeux entre l'atmosphère et la spore ne sont plus
identiques à ceux qui se passent entre l'atmosphère et la graine.
Cette présence de la chlorophylle me paraît être en rapport,
sinon avec l'absence complète, du moins avec une insuffisance
de la réserve nutritive contenue dans ces éléments reproducteurs. Thuret (2) a constaté la présence de la matière verte
dans la spore fécondée des Fucacées. Tel est aussi le cas de
l'oosphère des Characées dont l'enveloppe contient des grains
de chlorophylle qui prennent une couleur jaune rougeâtre
après la fécondation ; tel est celui des spores de Muscinées,
de celles des Fougères et des Prêles, etc. L'ensemble de ces
faits ne me permet donc pas d'établir des analogies suffisantes
entre les corps reproducteurs des Cryptogames et les graines
des Phanérogames, au point de vue spécial que je dois envi-
sager dans ce travail.

Je limiterai donc mes recherches à la germination des Phanérogames. Toutefois l'identité physiologique que j'ai admise
entre l'embryon germant dans la graine et les êtres à protoplasme incolore n'est pas toujours complète. Quelques végétaux présentent en effet des graines munies de chlorophylle,
contrairement à la règle générale. Ainsi les cotylédons des Co-

(1) *De la germination*, 1863, p. 22.
(2) *Recherches sur la fécondation des Fucacées* (*Ann. des sc. nat.*, 4ᵉ série,
t. II, p. 197).

mifères verdissent déjà à l'intérieur même de la graine et dans l'obscurité absolue, ainsi que l'a démontré Wiessner dans un travail précédemment cité. M.Ed. Heckel a récemment constaté, à l'aide du spectroscope, la présence de la matière colorante verte dans les cotylédons des graines du *Citrus aurantium* (variété mandarine) en dehors de la germination, tandis que cette particularité fait défaut dans l'orange ordinaire et dans le citron. Enfin, quelques embryons tels que ceux du Gui, du Pistachier, de quelques Crucifères, etc., présentent une coloration verte très prononcée. Ce sont là des faits exceptionnels dont il faut cependant tenir compte pour éviter les erreurs d'interprétation auxquelles peuvent conduire des expériences faites avec ces graines.

La question que je me propose de résoudre a été étudiée pour la première fois il y a plus d'un siècle; depuis elle a fait l'objet de travaux que j'examinerai minutieusement dans la partie historique et critique de ce mémoire. C'est ainsi qu'on a successivement recherché l'action de l'obscurité et de la lumière sur la germination, puis celle de chacune des couleurs élémentaires du spectre. Malheureusement pour la science (et j'en donnerai bientôt la preuve), les observations faites sur ce sujet par quelques physiologistes de la fin du dernier siècle et du commencement de celui-ci sont loin de présenter toutes les garanties de rigueur expérimentale que l'on est surtout en droit d'exiger quand il s'agit d'une question aussi complexe que celle qui m'occupe.

Depuis ces premiers travaux, presque tous les botanistes se sont contentés de répéter, avec plus ou moins de confiance, les opinions avancées par leurs prédécesseurs, acceptant parfois comme vérité démontrée ce qui n'est que le résultat d'observations incomplètes ou mal dirigées. On ne saurait toutefois s'étonner de cette indifférence quand on songe « combien, suivant l'expression de M. Duchartre (*in litteris*), il est difficile, pour la plupart des questions qui touchent à la physiologie végétale, d'isoler les conditions essentielles du problème des circonstances accessoires qui viennent s'y mêler ». En ce qui trait au sujet actuel, ces difficultés semblent, en effet, s'accumuler de tous côtés : l'action de la chaleur vient s'ajouter à celle de la lumière, l'humidité intervient aussi pour une part plus ou moins grande ; puis viennent les nombreuses particularités inhérentes aux graines elles-mêmes et qui sont certainement de nature à influencer plus ou moins profondément le processus germinatif. C'est à l'ensemble de ces causes, et à la difficulté de les égaliser dans des séries d'expériences parallèles, qu'est dû l'état d'incertitude où l'on se trouve relativement à l'influence qu'exerce la lumière sur la germination.

En présence des opinions contradictoires émises sur cette question, il m'a paru intéressant et utile de la soumettre à une nouvelle étude en supprimant, d'une manière aussi complète que possible, toutes les circonstances qui sont de nature à altérer les résultats de l'observation. L'idéal pour cet ordre de recherches se trouverait réalisé dans une expérimentation conduite de façon à maintenir à l'état de constantes toutes les actions concomitantes, en ne conservant qu'une seule variable, la lumière. C'est ce que je me suis efforcé de réaliser avec toute la rigueur possible, et c'est seulement après bien des tâtonnements que je crois être enfin parvenu à discerner toutes les causes d'erreur, de façon à pouvoir, sinon les écarter d'une manière absolue, du moins les atténuer toujours dans la plus large mesure, en pesant avec suffisamment de précision la part qui leur incombe dans certains résultats.

En ce qui concerne la couleur des graines, il me paraît évident à priori, que leurs diverses couleurs chez les Phanérogames ne doivent pas être indifférentes à la physiologie de la germination. Les graines étant des bourgeons mobiles appelés à propager la plante, il paraît naturel d'admettre que toutes les propriétés dont elles jouissent et leur couleur en particulier, doivent retentir, suivant un mode et pour une part que nous ignorons, sur la fonction même des semences, c'est-à-dire sur le processus germinatif. C'est ce que ces recherches me permettront de vérifier.

CHAPITRE II

HISTORIQUE CRITIQUE.

Le but de cet exposé historique ne serait rempli que très incomplètement si je me contentais d'y relater sans discussion les opinions qui ont été successivement émises par les divers auteurs relativement à l'action de la lumière sur la germination. Aussi ferai-je souvent appel à la critique expérimentale pour établir la véritable valeur de chacun des faits invoqués par les botanistes, à l'appui de leurs théories sur le sujet qui m'occupe.

Je passerai toutefois sous silence les objections qui pourraient être tirées du choix des graines mises en expérience : car ces conditions ont été ignorées ou négligées par la plupart des physiologistes, et j'ai cru devoir, à cause de leur importance même, en faire l'objet d'une étude spéciale dans le chapitre suivant. Il me suffira actuellement de signaler, à mesure qu'elles se présenteront dans l'ordre chronologique, les erreurs expérimentales indépendantes des graines elles-mêmes et résultant de différences dans l'action simultanée d'une ou de plusieurs des trois conditions indispensables à la germination : chaleur, humidité ou aération.

Ce chapitre aurait pu être divisé en deux parties distinctes consacrées : l'une à l'action de la lumière et de l'obscurité ; l'autre au rôle de divers rayons élémentaires du spectre solaire. Ce mode d'exposition aurait eu l'avantage de réunir les faits analogues et de leur donner par conséquent plus de relief ; mais il présentait l'inconvénient de séparer des faits contemporains observés souvent par le même auteur. Aussi ai-je préféré exposer, simultanément et d'après l'ordre chronologique, tous les documents que j'ai pu réunir sur la question.

Enfin, bien que, dans la partie expérimentale de ce travail, et pour des motifs que j'ai précédemment fait connaître, je me sois occupé uniquement de la germination des Phanérogames, il m'a cependant paru utile de compléter cet histo-

rique par un petit nombre de faits relatifs à l'influence de la
lumière sur la germination des Cryptogames.

On peut dire d'une manière générale, que les théories con-
cernant l'action de la lumière sur la germination, ne sont
que les conséquences d'une mauvaise interprétation des données de l'agriculture. En effet, dans les conditions naturelles
telles qu'elles ont été réalisées à la surface de la terre avant
l'apparition de l'homme, telles qu'elles le sont encore aujour-
d'hui sur certains points inhabités ou incultes du globe, il est
certain que les graines tombent sur le sol et qu'elles y germent
sous l'action plus ou moins directe des rayons solaires. Les
pluies, les vents, les divers agents cosmiques et certaines modifications spéciales à certaines graines (Géraniacées) peuvent
quelquefois faire pénétrer les semences dans le sol lui-même,
mais rarement d'une manière complète. Cette condition naturelle a été altérée par la main de l'homme : celui-ci a pratiqué des semis, il a enterré les graines, d'une part pour les
protéger contre les causes multiples de destruction et de dis-
sémination, d'autre part pour leur assurer des conditions
favorables d'humidité. Et de ce fait qu'à l'état de culture,
dans cette adaptation utilitaire réalisée par l'homme à son
profit, les graines germent en dehors de l'action de la lumière,
on a conclu que la lumière est nuisible à la germination.

Telle semble être l'origine de la plupart des opinions que je
vais successivement passer en revue, bien que les agriculteurs
connaissent cependant un certain nombre de graines qui ne
lèvent bien que si elles sont abandonnées librement sur le sol,
par exemple celles du lupin blanc.

Les premières expériences relatives à l'action de la lumière
sur la germination sont dues à un jeune botaniste nommé
Bernard Christophe Miesse (1). On les trouve consignées dans
un travail qui, malgré l'oubli dans lequel il semble être tombé,
est très remarquable pour l'époque où il parut.

Une première expérience fut commencée le 7 janvier 1773 :

(1) *Expériences sur l'influence de la lumière sur les plantes.* (*Journal de
Physique de Rozier*, t. VI, numéro de décembre 1775, pp. 445 et suivantes.)

Miesse plaça trente graines de Caméline (*Myagrum sativum* Lin.), sous trois vases dont l'un fut exposé à la lumière directe, l'autre à une lumière diffuse faible, le troisième à l'obscurité. Il y eut pour les trois lots de graines, au point de vue de la température, quelques différences mentionnées par l'expérimentateur. Cette observation, répétée dans des conditions semblables à la première, fournit les mêmes résultats. Miesse en conclut que « les semences lèvent dans l'obscurité comme en plein jour » ; que « la lumière ne paraît donc pas influer sur cette partie de la végétation ».

En dehors de la température qui, d'après l'aveu de l'auteur, n'a pas été la même au soleil, à la lumière diffuse, et à l'obscurité, il y a lieu de se demander si les conditions d'humidité et d'aération furent suffisamment identifiées dans les trois cas : c'est ce qui nous paraît douteux ; aussi est-il impossible, tout en constatant l'intérêt qu'offre cette première tentative, d'accepter sans réserve les résultats qu'en a tirés l'auteur.

Jean Sénebier, considérant la radiation solaire comme un excitant de la vie végétale (1), émet cependant l'opinion que « la lumière ne semble influer sur les plantes que lorsqu'elles sont sorties de terre ; quoique la lumière influe sur les graines, parce que la lumière influe sur la terre qui leur sert de berceau et de nourrice pendant la première enfance » (2). Il pense que la fermentation, poussée jusqu'à un certain point, développe et maintient la vie du végétal et qu'elle est par conséquent la cause de la germination. Imbu de l'ancienne théorie du phlogistique, il fait jouer à cet agent mystérieux un rôle important dans l'acte germinatif. D'après lui, les agents phlogistiquants empêchent la fermentation : « de sorte, dit-il, que la végétation serait arrêtée dans son principe, si les premiers accroissements de la plante n'étaient pas faits à l'abri du soleil et de son influence ; aussi tous ces rudiments de la plante sont étiolés, et le soleil perfectionne leur éducation en leur donnant la couleur et le port qu'elles doivent avoir ». Sénebier est

(1) *Mémoires physico-chimiques*, 1782, t. III, p. 321.
(2) *Op. cit.*, t. III, p. 330 et suivantes.

donc porté à penser que, toutes choses égales d'ailleurs, la
fermentation se fait moins vite à l'air et à la lumière du soleil
qu'à l'obscurité. En résumé, pour ce qui concerne cette action
de la lumière sur la germination, Sénebier se borne, dans ses
Mémoires physico-chimiques, à l'édification de théories plus
ou moins ingénieuses, mais sans apporter jusque-là aucune
expérience personnelle à l'appui de ses opinions.

Le même ouvrage contient cependant un chapitre relatif à
l'influence des différents rayons constituants de la lumière
solaire sur les plantes qu'on y fait germer (1). Voici comment
Sénebier procéda à cette étude :

Il n'eut point recours aux couleurs du spectre ; car, dit-il,
« on ne peut pas fixer le soleil dans sa course, pour fixer sur
les plantes le rayon qu'on voudrait extraire de la lumière par
le moyen du prisme ». Il rejette de même l'emploi des vases
faits avec des verres colorés, à cause de leur prix et de l'inconvénient qu'ils présentent d'intercepter trop de lumière par
suite de leur densité ; il y supplée par l'emploi de grandes
bouteilles d'un verre très mince, dont le fond est repoussé
dans le ventre, de façon à constituer une cavité où sont placés
les objets en expérience. Il fabrique d'autre part des couleurs
approchant de celles du prisme : le rouge, avec un mélange
d'eau et de carmin ; le jaune safran, avec un mélange d'eau et
de curcuma ; le violet, avec une dissolution aqueuse de tournesol.

Ces expériences commencées en 1775 furent continuées
pendant quatre années. Des graines de laitues et de haricots
semées dans des terres semblables furent placées dans trois
conditions différentes ; les unes étaient exposées au soleil,
sous une bouteille pleine d'eau, c'est-à-dire simplement
éclairées ; les autres étaient placées dans l'obscurité ; les autres
enfin ne recevaient par le moyen des solutions colorées que
les rayons rouges, violets et jaunes. Sénebier avait choisi ces
trois couleurs parce que les deux premières sont les extrêmes

(1) *Mémoires physico-chimiques*, t. III, p. 55 et suivantes.

du spectre solaire et que la troisième se trouve presque à son milieu, dans le but de se dispenser de répéter ces expériences sur les sept couleurs élémentaires. Il plaça aussi des tasses où étaient semées les mêmes graines, soit dans une obscurité totale, soit sous l'influence immédiate de la lumière.

Ces expériences ainsi instituées pouvaient fournir des résultats intéressants ; malheureusement Sénebier concentra toute son attention sur la végétation proprement dite et négligea d'une manière complète la période germinative. Il mentionne simplement le fait que les haricots placés sous le rayon rouge levèrent deux jours après les autres, et ceux qui étaient dans l'obscurité, seulement au bout de six jours.

Il y a dans ces observations des lacunes sérieuses relatives aux conditions de chaleur et d'humidité dont il n'est pas fait mention. Il eût été particulièrement nécessaire de constater directement le degré de température que présentaient les solutions diversement colorées. Quoi qu'il en soit d'ailleurs, nous trouvons là une des premières tentatives faites pour limiter l'action physiologique de la lumière à certaines couleurs du spectre.

Cinq ans après, parut l'ouvrage d'Ingenhousz (1), où se trouvent consignées des expériences directes destinées à démontrer l'action de la lumière et de l'obscurité sur la germination. Les idées auxquelles le physicien anglais avait été conduit par ses recherches peuvent se résumer dans la phrase suivante (2), qui figure comme en-tête d'un des chapitres de son livre : « La lumière du soleil est aussi nuisible aux végétaux dans le commencement de leur vie qu'elle leur est salutaire lorsqu'ils sont adultes. »

Ingenhousz plaça une égale quantité de semences dans des endroits différemment éclairés, et constata que celles qui jouissaient de la lumière la plus vive germaient plus lentement que celles qui se trouvaient privées de lumière. Ses expériences ont

_____

(1) *Expériences sur la végétation*, trad. de l'anglais par l'auteur. 2 vol., 1787-89.
(2) *Op. cit.*, t. II, pp. 23 et suiv.

porté sur des graines de moutarde : répétées un grand nombre de fois, elles ont toujours fourni le même résultat général.

Ce physicien disposait, en effet, ces graines en égal nombre : les unes au soleil, sur un morceau de liège enveloppé d'un papier brouillard et flottant dans un verre rempli d'eau ; les autres dans des conditions analogues, mais le verre recouvert, suivant le cas, d'un papier noir ou d'un papier de nuance tendre. Un quatrième appareil, parfaitement semblable aux précédents, était placé dans une chambre et ne recevait le soleil qu'à travers les vitres de la fenêtre. Ces quatre appareils étaient d'ailleurs exposés à l'action du soleil durant le même espace de temps, environ six heures par jour. Enfin, d'autres appareils identiques étaient placés : l'un dans la même chambre, à un endroit où les rayons du soleil ne pouvaient parvenir, c'est-à-dire à la lumière diffuse ; l'autre à l'obscurité complète. Au bout de vingt-quatre heures, quelques graines avaient déjà leur radicule dans tous les appareils, excepté dans les appareils I et IV. Le second jour, plusieurs graines poussèrent leur radicule dans l'appareil IV. Enfin, le quatrième jour, quelques semences du n° 1 commencèrent seulement à pousser leur radicule, et un très grand nombre ne germèrent pas.

En dehors de la condition d'humidité, dont il sera question plus loin, la chaleur n'a pas été identique dans ces diverses expériences. Ingenhousz, en effet, mentionne qu'en examinant à midi la chaleur de l'eau contenue dans les appareils I, II et III, il trouva que le thermomètre de Fahrenheit, plongé dans le n° I, montait à 82 degrés, soit 28 degrés centigrades ; dans l'eau du n° II, à 92 degrés, soit 33 degrés centigrades ; dans le vase n° III, à 86 degrés, soit 30 degrés centigrades. La tempépérature dans les vases IV, V et VI n'étant pas indiquée, et n'ayant très probablement pas été mesurée, ces trois expériences perdent toute valeur et ne peuvent pas être discutées. Quant aux trois cas où cette détermination a été faite, si nous les rapprochons des résultats fournis par la germination, nous voyons que ce phénomène a été plus rapide dans les appareils II et III, recouverts l'un de papier noir, l'autre d'un papier de couleur tendre, dispositions qui concentraient la chaleur solaire et permettaient à la température d'atteindre à midi 33 degrés centigrades dans un cas, et 30 degrés centigrades dans l'autre; la germination a été au contraire retardée dans le n° 1, exposé à la lumière solaire et dont la chaleur n'atteignait que 28 degrés à midi. Mais la température n'a été prise qu'une fois dans le cours des expériences. Or il est certain que la moyenne thermique des vingt-quatre heures devait être très inférieure aux chiffres observés à midi, et cette moyenne serait justement très utile à connaître pour discerner la part d'influence qui revient à la chaleur dans les différences de rapidité de la germination. On ne peut faire à ce sujet que des hypothèses, et l'absence de ces données empêche d'une manière absolue que l'on puisse tirer de ces faits une conclusion vraiment sérieuse.

Le physicien anglais semble avoir soupçonné lui-même le peu de certitude des résultats qu'il a obtenus, car, dit-il, « on peut se tromper très facilement dans ces recherches, et tirer de fausses conclusions de semblables expériences, faute de faire attention à des circonstances en elles-mêmes très petites, telles qu'un peu plus ou moins de lumière, et qui, cependant, sont en état de produire un résultat manifestement différent, qu'on pourrait aisément attribuer à toute autre cause ». Il n'a malheureusement pas discerné l'élément qui était surtout de nature à vicier le résultat de ses expériences, c'est-à-dire la différence de température.

Quant à la conséquence pratique qu'il déduit de ses observations, elle est facile à deviner : c'est l'importance qu'il y a pour l'agriculture à bien diviser la terre labourée, de manière à ce qu'il y ait le moins possible de semences à découvert ou exposées à la lumière du soleil. Car, dit-il, « beaucoup de semences exposées à la grande clarté périssent ou germent lentement et produisent des plantes faibles ». Ne serait-il pas plus rationnel d'attribuer ces effets fâcheux à la dessiccation du sol produite par le soleil, et non pas à une action spéciale et mystérieuse exercée par lui sur les graines?

Ingenhousz admettait cependant qu'il y a quelques rares
espèces de plantes dont les semences germent mieux à la
lumière, bien que, d'après lui, il n'en existe pas en Europe,
et que ce soit une règle générale adoptée par les jardiniers de
couvrir les semis avec de la terre.

Dans un autre passage du même ouvrage (1), il insiste encore
sur la nocivité de la lumière dans l'acte de la germination,
qu'il considère à l'exemple de Sénebier, comme une fermentation.

L'abbé Bertholon (2), dans un article sur *les effets de l'électricité artificielle et naturelle appliquée aux végétaux*, publia
quelques réflexions judicieuses à propos des expériences précédentes. « Je ne sais pas, dit-il, s'il est bien prouvé que les
plantes qui, semées à l'ombre, lèvent plutôt doivent cette altération dans la germination à la différence des degrés de lumière ou à quelque autre chose, par exemple, à l'humidité. »
Il fit observer avec raison que si l'on sème des graines, les
unes à l'ombre, les autres en plein air, toutes les autres circonstances étant d'ailleurs égales, et qu'on les arrose avec la
même quantité d'eau, ce n'est pas seulement la différence de
lumière qui influe sur les effets obtenus, mais une autre cause
puissante, la plus grande humidité de la terre à l'ombre, l'évaporation y étant moins grande que dans celle qui est exposée
aux rayons directs du soleil. C'est ce que Bertholon a vérifié
par l'expérience; il est même parvenu à « faire lever plus
promptement des graines semées au soleil que celles de même
espèce qui étaient semées à l'ombre, tout étant parfaitement
égal, au nombre des arrosements près qui étaient plus souvent
répétés sur la terre exposée au soleil que sur l'autre, et qui ne
l'étaient que jusqu'au point de rendre l'humidité de la terre
égale des deux côtés ».

D'autres expériences lui ont démontré qu'une petite différence dans les degrés de lumière ne produit pas une accéléra-

(1) *Op. cit.*, trad. de l'auteur, t. II, p. 447.
(2) *Journal de Physique de Rozier*, décembre 1789, pp. 402 et 403.

tion dans la germination lorsque tous les autres circonstances ne diffèrent pas. Malheureusement il y a tout lieu de penser que cette identité des conditions expérimentales admise par l'auteur n'a nullement été réalisée. Il suffit pour s'en convaincre de rappeler que Bertholon s'était contenté de faire germer des graines « plusieurs fois successivement dans le même appartement, et ensuite dans plusieurs pièces, à différentes distances de la fenêtre et dans des endroits où il apercevait divers degrés de lumière, mais peu considérables ». En dehors des conditions d'humidité dont il n'est point question, il ne me paraît nullement démontré que la température ne soit pas intervenue dans les résultats ; la chose est d'autant plus probable que l'auteur néglige de mentionner si elle a été mesurée et quels ont été les résultats de ses observations à ce sujet : il y a donc encore là une lacune considérable.

En ce qui concerne les expériences d'Ingenhousz, il présume « que si l'illustre physicien de Vienne a vu des résultats différents, c'est que les différences étaient telles par la position locale particulière, qu'elles occasionnaient une plus grande évaporation et un dessèchement plus grand d'un côté que de l'autre dans la terre. Ce n'est pas, ajoute-t-il, que je ne regarde comme probable qu'une intensité dans la lumière sensiblement différente, même séparée de tout autre cause, puisse produire quelques effets dans la germination ; mais cette proportion n'est point encore démontrée ; elle l'est encore moins lorsqu'il s'agit de quelques degrés de lumière peu sensibles, ainsi que le prouvent les observations et les expériences dont je viens de faire mention ».

Il y a lieu de remarquer que l'objection adressée par l'abbé Bertholon aux expériences d'Ingenhousz, relativement aux différences d'évaporation et de dessèchement qui auraient vicié les observations de ce dernier, ne paraît pas justifiée, au moins pour une série d'expériences. Le physicien anglais avait en effet dans ce cas pris la précaution, ainsi que je l'ai dit, de placer les graines sur des lièges flottant dans l'eau, disposition qui permettait à ces organismes en voie de déve-

loppement de puiser à même toute l'eau nécessaire à leur
évolution.

Un peu plus tard, J. Sénebier (1) vérifia les expériences
d'Ingenhousz et aboutit à des résultats identiques. Pour résoudre la difficulté soulevée par Bertholon, il répéta ses
recherches sur des pois, des fèves, des haricots qu'il plaçait
sur des éponges également humides, enfermées sous de petits
récipients semblables et d'une égale capacité. « Je leur ôtai,
dit-il, toute communication avec l'air extérieur au moyen du
mercure ; j'en exposai quelques-uns au soleil ; j'en plaçai
d'autres à côté d'eux, sous des étuis de fer blanc peints en
rouge foncé ; la chaleur fut à peu près égale dans tous ; l'évaporation ne pouvait pas influer sur l'humidité des éponges,
puisque l'eau évaporée ne pouvait s'échapper ; cependant la
germination fut beaucoup plus prompte à l'obscurité qu'à la
lumière. »

Ici les causes d'erreur sont multiples : en dehors de la température qui paraît cependant n'avoir présenté que de faibles
variations dans ces diverses expériences, il faut citer au
premier rang la condition très défavorable pour la germination
qui résulte du séjour des graines dans une atmosphère limitée
et non renouvelable et de leur maintien au-dessus du mercure.
L'influence profondément perturbatrice de cette dernière circonstance a été récemment mise hors de doute par les expérience de M. Leclerc (2) qui a constaté que sous l'influence des
vapeurs mercurielles une grande partie des graines pourrissent
et qu'aucune ne germe (3).

(1) *Physiologie végétale*, 1800, t. III, p. 396.
(2) *Recherches sur la germination. Ann. de Phys. et de chim.*, 5e série,
1875, t. IV, p. 2.
(3) On peut s'étonner de prime abord que des graines placées dans une cloche
sur le mercure soient altérées par les vapeurs métalliques, tandis qu'aucune
altération n'a lieu pour des semences germant à l'air libre dans le même local,
à la même température et près d'une cuve à mercure. La tension de vapeur du
mercure doit être théoriquement identique dans les deux cas, mais en réalité,
la saturation se produit très rapidement sous une cloche à cause de la faible
capacité du récipient, ce qui ne peut avoir lieu pour une chambre dont l'atmosphère se renouvelle d'une manière continue.

Bien convaincu que la lumière retarde la germination, Sénebier a cherché l'explication de ce fait. « Les plantules, dit-il, sont étiolées afin de céder plus aisément à l'impulsion de la germination ; la plantule est nourrie différemment de la plante adulte ; les aliments de celle-là sont préparés dans la graine ; ils n'ont pas besoin de l'élaboration de la lumière. »

Il émet relativement à l'action fâcheuse de la lumière sur la germination et sur la fermentation en général, une théorie assez singulière. Il pense que la lumière, en décomposant l'acide carbonique « lui enlève alors l'oxygène, qui ne se sépare qu'en très petite quantité pendant que la plante est dans les ténèbres, mais qui favorise la fermentation en y restant ; au lieu que lorsque la plante est au soleil, non seulement elle la prive de cet oxygène, mais encore elle dépose dans les mailles de ses réseaux une grande quantité de carbone qui est fortement *antiseptique* ».

La même année E. Lefébure (1), acceptant pleinement l'opinion de Sénebier et d'Ingenhousz relativement à l'influence nuisible de la lumière sur la première période du développement des végétaux, affirmait que « les graines germent plus facilement dans un milieu opaque que dans celui qui est diaphane. L'opacité de la terre, disait-il, est un des avantages qu'elle a sur les autres excipients dans lesquels on peut semer les graines ». Il cite à l'appui de cette affirmation l'exemple des pommes de terre et des racines bulbeuses qui « poussent moins vite, quand on les place dans des chambres éclairées que lorsqu'on les conserve dans des caves obscures ». La cause qu'il invoque ne me paraît nullement justifiée : il est au contraire rationnel de supposer que si le bourgeonnement de ces tubercules ou de ces bulbes est retardé à la lumière, cela tient uniquement à la dessiccation plus complète qui se produit sous l'influence de cet agent ; le soleil n'est que la cause indirecte du phénomène ; la cause directe, c'est le manque d'humidité.

(1) *Expériences sur la germination des plantes*, 1800, 2e partie, chap. V, pp. 127 et suivantes. Strasbourg.

A. Pauchon. 5

Lefébure a répété les expériences d'Ingenhousz en variant leur forme. Il disposait trente ou quarante graines de rave dans les crevasses d'un morceau de liège flottant sur un récipient plein d'eau ; il semait un même nombre de graines sur un liège identique enveloppé d'un papier gris recouvrant les graines et plaçait ce petit appareil sur le même récipient qu'il exposait au rayon du soleil et à l'air. « Au bout de trois jours, aucune graine n'avait levé dans le premiers cas, au lieu qu'un grand nombre avaient germé dans le second. » Ce fait ne saurait avoir la valeur que lui attribue son auteur, à cause de la différence de température que présentaient certainement les graines contenues dans les deux flotteurs, température qui n'a d'ailleurs pas été mesurée, ce qui suffit à enlever toute valeur à cette expérience.

Quant à la suivante dans laquelle des graines furent en égal nombre placées à l'obscurité complète, à la lumière diffuse et à la lumière directe, elle ne me paraît pas plus concluante, puisque la température a varié dans les trois cas de 17 à 23 degrés. Bien que Lefébure dise que cette différence de 6 degrés n'est pas suffisante pour apporter des différences dans la germination, il est difficile d'accepter cette manière de voir complètement infirmée par les recherches de M. A. de Candolle, sur la température favorable. Nous trouvons donc qu'ici encore la chaleur est intervenue comme cause d'erreur. En ce qui a trait aux résultats observés, ils furent les suivants : au bout de trois jours, les graines commençaient à germer dans les vases exposés à l'obscurité et à la lumière diffuse d'une manière sensiblement égale, tandis qu'aucune n'avait encore levé dans le vase placé à la lumière directe : « d'où il paraît, conclut Lefébure, qu'il n'y a qu'une lumière vive qui nuise à la germination ». Mais n'y a-t-il pas lieu de faire intervenir dans ce résultat la variation des conditions d'humidité des graines, sur lesquelles l'auteur garde le silence ?

La même cause d'erreur inhérente à la différence de température se retrouve encore dans l'expérience suivante due au même observateur.

Deux bocaux de verre contenant chacun trente graines et remplis d'eau jusqu'au tiers de leur capacité, étaient entourés d'une poche de papier noir. Pour un des bocaux, la poche était intacte, pour l'autre elle était percée d'une ouverture circulaire. Ces deux récipients étaient placés sur une fenêtre; au bout de quatre jours, on constatait que toutes les graines avaient germé dans le premier bocal et quelques-unes seulement dans le second. Il n'est pas nécessaire d'insister sur le rôle absorbant que devait forcément remplir l'enveloppe noire complète du premier vase à l'égard de la chaleur et sur la différence qui devait en résulter pour la germination dans les deux appareils.

Connaissant la propriété que possède la lumière d'altérer certaines préparations, Lefébure a recherché si cette influence ne se manifesterait pas sur la germination des semences qu'on y dépose. Il plaça donc des graines dans deux verres contenant de l'oxyde rouge de mercure suffisamment humecté: l'un des verres fut exposé à la lumière du jour, l'autre fut enfermé dans un endroit obscur. Au bout de cinq jours, la germination était effectuée dans le dernier, tandis qu'elle ne se produisit jamais dans le premier dont les graines altérées avaient perdu leur propriété germinative. La même expérience répétée avec l'oxyde jaune de mercure donna un résultat complètement négatif aussi bien à l'ombre qu'au soleil; avec les sulfures rouge et orangé d'antimoine, la germination eut lieu dans les deux cas.

Soupçonnant que la couleur de ces substances pouvait avoir eu dans le cas particulier quelque action sur la germination à l'obscurité ou au soleil, Lefébure voulut savoir si en employant les mêmes substances diversement colorées, si en décomposant la lumière et faisant agir chaque rayon isolément, il n'obtiendrait pas des résultats différents. Il fit dans ce but les expériences suivantes. « J'ai pris, dit-il, des étoffes de laine dont les couleurs étaient les suivantes : le noir, le bleu, le rouge, le cramoisi, le vert, le blanc. Je les ai coupées par petits morceaux et j'en ai rempli six verres à liqueur. A

était rempli de l'étoffe rouge, B de l'étoffe noire, C de la bleue,
D de la cramoisie, E de la verte, F de la blanche. Ils ont été
placés dans un endroit bien éclairé. Après avoir suffisamment
humecté l'étoffe, j'y ai semé des graines. Au bout de cinq jours,
la germination avait eu lieu, sans qu'elle parût plus avancée
dans une étoffe que dans l'autre.

« Cette expérience a été répétée, mais au lieu de laine j'ai
pris de la soie. Les résultats ont été les mêmes. Il n'est pas
étonnant, ajoute l'auteur, que les graines aient germé plus
facilement dans l'étoffe blanche que dans les autres, parce que,
à raison de sa teinture, elle forme un récipient opaque, et les
graines qu'elle recouvre sont garanties du contact de la lumière.

« Cinq capsules de terre A, B, C, D, E, ont été remplies
d'eau au tiers de leur capacité et placées dans un endroit où
les rayons du soleil tombaient presque toute la journée. J'ai
mis trente graines dans chacune, et je les ai fermées avec des
verres diversement colorés, dont le diamètre était égal à celui
de leur ouverture : A avec un verre blanc, B avec un vert, C
avec un noir, D avec un rouge, E avec un bleu. On a luté les
jointures, de manière que la lumière ne pût passer qu'à travers le verre. J'ai ouvert au bout de huit jours ; j'ai trouvé que
la germination avait eu lieu dans toutes les capsules, mais elle
était moins avancée dans celle qui était couverte par un verre
blanc que dans les autres. Je n'ai pas trouvé qu'il y eût eu pour
celles-ci de différence sensible. »

J'ai cru devoir citer d'une manière complète le passage qui
précède, parce qu'il y est fait mention pour la première fois de
l'emploi des verres colorés pour la détermination du rôle physiologique des couleurs élémentaires du spectre et parce que
Lefébure est certainement le premier expérimentateur qui ait
appliqué cette méthode à l'étude de l'action des rayons élémentaires sur la germination. Sénebier n'avait eu, en effet, pour
objectif dans les expériences que nous avons citées précédemment que le rôle de ces rayons dans la végétation proprement
dite. La première expérience rapportée par Lefébure, et dans

laquelle il faisait usage de linges de couleurs variées, ne peut avoir aucune portée. Pour localiser sur les graines l'action de certains rayons de la lumière blanche, il faut évidemment que le milieu chargé de séparer ces rayons eux-mêmes soit transparent : ce qui n'était pas dans le cas actuel. Les linges qui entouraient les graines ne pouvaient avoir d'autre résultat que de soustraire ces semences plus ou moins complètement à l'action de la lumière.

Dans l'expérience faite à l'aide des verres colorés, nous devons constater que la marche de la germination n'a pas été surveillée d'une manière suffisante, puisque les capsules de terre ne furent ouvertes qu'au bout de huit jours. Il est une cause d'erreur que je dois encore signaler dans cette dernière expérience : c'est l'immersion des graines qui modifie profondément les conditions d'aération. Il est évident, en effet, qu'en vertu de l'influence de la chaleur sur la dissolution des gaz dans les liquides, le dégagement des gaz dissous dans l'eau contenant les graines en germination devait se produire avec d'autant plus d'intensité que la température était plus élevée : voilà ce qu'indique la théorie. Au point de vue expérimental, un seul fait se dégage de l'expérience faite par Lefébure, c'est le retard constaté pour les graines placées sous un verre blanc. Observons toutefois que ce résultat d'une seule expérience ne saurait servir de base à une loi générale, surtout en présence de la complexité et du nombre des causes d'erreur qui viennent obscurcir l'observation du phénomène.

Il serait nécessaire pour toutes les expériences de ce genre que la température extérieure fût soigneusement notée, car il ne faut pas oublier qu'il existe pour la germination de chaque graine, ainsi que l'a établi A. de Candolle (1), une température favorable, au-dessus et au-dessous de laquelle le processus s'accomplit moins rapidement. Si dans certaines circonstances une augmentation de quelques degrés accélère singulièrement le développement de l'embryon, c'est que cette élévation de

(1) *De la germination sous des degrés divers de température constante.* (Biblioth. univ. et Rev. suisse, 1865, t. XXIV, pp. 243 et suiv.

température tend vers le point favorable; mais le contraire
peut arriver, et dans ce cas une augmentation de chaleur
devient au contraire une circonstance défavorable à la germination.

Lefébure, convaincu que la lumière est nécessaire à la germination, se proposait de rechercher à quel degré la lumière
commence à n'être plus nuisible au développement des graines;
mais l'absence d'un photomètre suffisamment sensible le mit
dans l'impossibilité de mettre ce projet à exécution. « Si l'on
veut, dit-il, se contenter d'un à peu près, on peut dire que
c'est le degré qui a lieu une heure avant le lever ou après le
coucher du soleil, on peut encore dire que c'est celui d'une
cave qui n'est éclairée que par un seul soupirail. »

Quant à cet effet d'une vive lumière sur les graines, Lefébure le considère comme identique à celui d'une haute température. « Elle agit, dit-il, en altérant la structure des graines,
en desséchant leur substance, en diminuant la souplesse de
l'embryon, ce qui fait que son développement est lent. Mais,
conclut-il, cette explication paraîtra bien insuffisante, lorsque
l'on fera attention que la germination est retardée dans l'eau,
et certainement dans ce cas la substance de la graine est suffisamment humectée. »

Théodore de Saussure (1) a consacré quelques pages de son
célèbre mémoire au sujet qui nous occupe. Il y pose la question de savoir si l'effet nuisible du soleil attesté, d'après lui,
par le résultat des expériences de Sénebier, d'Ingenhousz et
de Lefébure, doit être attribué à la chaleur ou à la lumière
seule abstraitement considérée. « On a cru reconnaître ici, dit
de Saussure, l'influence de la lumière, parce que les expériences comparatives, à l'ombre et au soleil, ont été faites à
des températures égales d'après les indications du thermomètre. Mais on doit observer que cet instrument placé sous un
récipient, dans l'atmosphère des graines, n'indique pas la chaleur réelle qu'elles éprouvent sur leur surface par l'impression

(1) *Recherches chimiques sur la végétation*, 1804, chap. I et IV, p. 21-24.

des rayons solaires. Cette chaleur est si promptement disper-
sée par les corps environnants, qu'elle échappe à nos instruments.... La plantule doit en être d'autant plus affectée que
tous ses organes sont réunis dans un plus petit espace, qu'elle
transpire moins et qu'elle décompose moins d'acide carbonique. »

Il est certain que la température des graines exposées aux
rayons solaires peut s'élever d'une quantité variable au-dessus
de la température de l'air ambiant; mais ceci tient uniquement au pouvoir absorbant plus ou moins considérable que
possèdent ces graines, par suite de certaines particularités que
nous examinerons plus loin. L'expérimentateur ne doit tenir
compte, en effet, que de la température constatée à l'aide du
thermomètre dans le milieu plus ou moins limité qui entoure
les graines, contrairement à l'opinion de Th. de Saussure. Le
problème est déjà suffisamment difficile à résoudre expérimentalement quand il faut obtenir cette identité de température à
l'obscurité et à la lumière. En ce qui concerne la chaleur des
graines elles-mêmes, on ne doit point perdre de vue que ces
dernières sont des foyers de calorification comme tous les êtres
vivants et que la vie des graines, c'est-à-dire la germination s'accompagne constamment d'une production thermique
assez considérable pour donner aux organes une température supérieure de plusieurs degrés à celle du milieu ambiant. L'assertion émise par de Saussure est donc inaccep-
table.

Ce physicien avait essayé « de faire germer en même temps
des graines exactement pesées, dans deux récipients égaux,
l'un opaque, l'autre parfaitement transparent; mais elles ne
recevaient sous ce dernier que la lumière diffuse du soleil,
telle qu'elle nous parvient sous une couche épaisse de nuages.
La température était, d'après l'indication d'un thermomètre
très sensible, parfaitement égale dans les deux expériences. Je
n'ai pu voir, dit-il, aucune différence dans l'époque de la germination des graines placées dans ces deux vases. Je crois pouvoir conclure de ces expériences que rien ne démontre que la

lumière ait, abstraction faite de la chaleur qui l'accompagne, une influence nuisible sur la germination. »

Cette expérience est peut-être la seule parmi celles que nous avons citées jusqu'ici, qui semble entourée des garanties né-cessaires : cependant elle ne peut avoir qu'une valeur limitée, à cause de son isolement. Une action aussi difficile à observer que celle dont il s'agit, ne peut être jugée en connaissance de cause et formulée en loi générale, qu'après des expériences nombreuses et variées.

En 1816, Keith (1) résuma les diverses opinions émises avant lui sur le rôle de la lumière dans la germination. Il attaqua l'opinion de Th. de Saussure, d'après laquelle le thermomètre placé sous un récipient est incapable d'indiquer le degré réel de chaleur des rayons solaires tombant sur la surface des se-mences, chaleur que le physicien genevois croit être portée à un très haut degré quoique échappant à nos instruments d'ob-servation. Ce raisonnement est, selon Keith, entaché d'in-conséquence parce qu'il élève une simple probabilité dont on ne peut rien tirer, contre un fait fournissant des conséquences immédiates. « Il peut être vrai, dit ce botaniste, que la cha-leur reçue par la surface de la semence soit si grande qu'il y ait empêchement de la germination. Mais comme aucune preuve directe ne peut être produite à l'appui de cette opinion, nous devons nous contenter des indications de nos instruments, jusqu'à ce qu'on en ait inventé d'autres capables de montrer leurs erreurs, et conclure comme précédemment (à la nocivité de la lumière), jusqu'à ce qu'un fait positif soit opposé aux ex-périences déjà acquises. »

Keith ne fit d'ailleurs aucune recherche personnelle sur la question.

En 1829, M. Boitard (2) publia quelques observations faites dans les conditions suivantes : il avait semé des auricules dans trois terrines, l'une couverte d'une cloche de verre transparent,

(1) *A system of Physiological Botany*, 1816, t. II, p. 5. London.
(2) *Journal de la Soc. d'Agron. prat.*, 1829, p. 316. — *Bull. sc. agron.*, XIII, p. 310.

la seconde de verre dépoli, la troisième enveloppée de chiffons noirs. Neuf jours après, ces dernières avaient levé ; au douzième jour celles placées sous le verre dépoli germèrent, et au quinzième jour il n'y en avait encore aucune graine levée dans la cloche placée sous le verre transparent. D'après A. P. de Candolle (1), « cette expérience qui tend à prouver seulement que la lumière retarde la germination, est même douteuse ; car, si elle a été faite au soleil, la température de la cloche couverte de noir devait être plus élevée que celle des deux autres, et l'action directe du soleil au travers du verre transparent pouvait agir d'une manière fâcheuse sur la graine en la desséchant ». Les conditions de température et d'humidité n'étaient donc pas dans les expériences de Boitard absolument comparables.

A. P. de Candolle (2) pensait que « l'action de la lumière sur la germination est nulle : l'expérience directe, dit-il, l'a démontré à Sénebier et à Lefébure ; l'analogie l'indiquait, puisque la plupart des graines germent à l'ombre ; la théorie le confirmait, puisque la lumière favorise la décomposition de l'acide carbonique, et que toute la germination exige sa formation. L'exclusion de la lumière est très loin d'être, comme on l'a dit, une des conditions nécessaires à la germination ; il n'y a personne, en effet, qui n'ait vu des graines germer quoique exposées à la clarté ». Et il concluait par ce mot : « Je ne nie point que l'obscurité soit utile à la germination, je nie seulement qu'elle soit nécessaire. »

Le passage que je viens de citer contient une théorie singulière que j'ai vue, non sans étonnement, acceptée par quelques auteurs contemporains et reproduite textuellement dans leurs ouvrages. La lumière favorise la décomposition de l'acide carbonique et la germination exige la formation de ce composé : telle est d'après A. P. de Candolle, la cause des effets favorables de l'obscurité sur la germination. Mais si l'on se reporte aux analogies que nous nous sommes efforcé d'établir entre

(1) *Phys. végét.*, 1832, t. II, p. 638.
(2) *Op. cit.*, *ibid.*

l'embryon pendant la germination et les végétaux à protoplasme
incolore, il est facile de reconnaître que cette théorie repose
sur une interprétation erronée des faits physiologiques. Pour
que la lumière favorise la décomposition de l'acide carbonique,
il faut que le jeune végétal sur lequel elle agit soit muni d'un
appareil de synthèse qui ne se forme généralement qu'au
moment où la réserve nutritive de l'embryon est sur le point
d'être épuisée. La lumière ne peut donc, dans les circonstances
ordinaires, jouer le rôle qu'on lui attribue ; il y aurait simplement lieu de rechercher si l'action de la radiation solaire ne
hâte pas le développement de la chlorophylle dans l'embryon.
Quant à la respiration générale, elle a lieu pendant toute la
vie du végétal indépendamment de la présence ou de l'absence
de la matière verte. S'il existe un antagonisme entre ces deux
fonctions, ce n'est qu'extrinsèquement dans leur influence
sur le milieu ambiant mais nullement en ce qui concerne la
vie de la plante elle-même. En d'autres termes, chez l'embryon végétal en voie de développement, il n'y a pas plus lutte
entre la fonction chlorophyllienne et la fonction respiratoire
que chez l'animal entre la fonction digestive et cette même
fonction respiratoire.

Quoi qu'il en soit de ces théories, A. P. de Candolle se montre
à plusieurs reprises très convaincu de l'influence favorable de
l'obscurité sur la rapidité de la germination. Dans l'énumé-
ration des circonstances extérieures qui paraissaient avoir une
influence principale sur la durée comparative de la germination des graines de la même espèce, il cite, en première ligne,
la température, l'humidité, l'obscurité (1). Aussi recom-
mande-t-il de couvrir de châssis les jeunes plantes commençant
à sortir de leurs enveloppes, car « on obtient ainsi une chaleur
sans clarté qui est favorable à la germination » (2).

La même année, Ch. Morren (3) adressait à l'Académie des
Sciences une importante communication sur l'influence des

(1) *Op. cit.*, t. II, p. 629
(2) *Op. cit.*, t. III, p. 1162.
(3) *Ac. des sc.*, 16 juillet 182 et *An. sc. nat.*, 1832, t. XXVII, p. 201 et suiv.

rayons colorés sur la germination des plantes, communication qui n'était d'ailleurs que le complément d'un mémoire lu à l'Académie deux ans auparavant. Dans ce premier mémoire l'auteur avait démontré que, « de toutes les couleurs élémentaires, celles qui favorisent la plus la manifestation et le développement des êtres organisés des deux règnes, dans les circonstances voulues, sont le rouge et le jaune, et que cette propriété existe à peu de chose près, chez l'un comme chez l'autre. Ces expériences et d'autres ne s'étaient vérifiées alors que dans le phénomène de la manifestation des êtres organisés les plus simples, dans des masses aqueuses, soumises à l'influence des agents du monde ambiant. »

Dans une nouvelle série d'expériences, il examina « si les mêmes résultats avaient lieu en faisant agir séparément des rayons colorés sur de la terre dans laquelle on avait mis des graines germer ». Les expériences furent commencées le 17 mars 1832. Ch. Morren se servit de pots remplis d'une terre séchée depuis quatre mois et de même nature pour chacun d'eux. Dans chaque pot furent semées vingt graines de cresson alénois. On recouvrit ensuite les semences avec une couche de terre de 3 millimètres d'épaisseur et on arrosa chaque pot de la même quantité d'eau chaque jour. Ces pots furent placés dans « un vase de fer-blanc, noirci au dedans et au dehors, haut de 22 centimètres, cylindrique, de 1 décimètre de diamètre, fermé à la partie supérieure par une plaque de fer-blanc oblique et inclinée de 45 degrés. Chacune de ces plaques était percée à son milieu d'un trou circulaire devant lequel était une vitre circulaire de 4 centimètres de diamètre et variant de couleur pour chaque vase. Ces verres étaient de ceux qui décorent les anciens vitraux d'église, et tous de la plus belle teinte; ils avaient les couleurs suivantes : bleu, vert pré, vert glauque, jaune clair, jaune (gomme-gutte), orangé rouge, pourpre ». A côté de ces vases était placé un vase noir comme les autres, mais muni d'une vitre blanche, les soudures, parfaitement lutées, ne laissant passer aucun rayon; et on eut d'ailleurs le soin d'enfermer chaque vase à 1 pouce 1/2 dans la terre. Enfin les appareils furent disposés sur une tablette placée à la moitié de la hauteur d'une croisée bien éclairée.

« Le quatrième jour de l'expérience, les radicules avaient poussé sous tous les vases; elles avaient de 1 à 5 millimètres de longueur. Le sixième jour, on remarquait que la végétation était beaucoup plus avancée sous les vases qu'à l'air libre et que sous l'influence de la lumière composée. Sous le jaune et surtout sous le jaune clair, les radicules étaient à peine plus développées que le quatrième jour. Il y avait sous les rayons verts des poils radicaux à leur partie supérieure un peu jaunie. Les petites plumules étaient jaunes. Sous les rayons verts, les plumules étaient plus développées; les radicules et les poils étaient d'ailleurs comme sous les rayons jaunes. Les rayons oranges, rouges, pourpres, bleus et violets, correspondaient à des radicules de 1 centimètre, jaunes au collet; des poils radicaux de 1 millimètre; des plumules souvent recourbées, bien formées. Le septième jour, par une belle journée, les plumules s'étaient développées sous tous les vases; elles étaient bien jaunes. Sous la lumière blanche, elles verdissaient sensiblement; à l'air libre elles se montraient vertes. Le huitième jour, les tigelles avaient de 1 à 1/2 centimètre de longueur; sous les rayons jaunes, elles étaient moins longues, partout blanches, les plumules jaunes, les feuilles de même et recourbées, les poils radicaux de 2 millimètres. Sous la lumière blanche, les tigelles avaient à peine 3 millimètres de longueur; elles verdissaient comme les feuilles elles-mêmes, dont la viridité était déjà des plus prononcées. Le neuvième jour, il y avait identité de caractères pour toutes les plantes sous les vases: des tigelles de 3 centimètres, des feuilles de 4 millimètres, très recourbées, jaunes partout. A l'air, des tigelles d'à peine 1 centimètre, des feuilles très vertes. Au quinzième jour de l'expérience, on remarquait enfin une étrange différence pour les plantes développées sous les rayons jaunes; les feuilles étaient devenues vertes, quoique plus pâles que celles des plantes venues à l'air libre. Sous les rayons

oranges, il se présentait aussi une légère viridité. Sous tous
les autres rayons, les plantes étaient évidemment souffrantes,
jaunies. »

Ch. Morren conclut de ses recherches : « 1° que de même
que l'obscurité favorise les premières périodes de la germination, de même les couleurs du spectre, agissant isolément, ont
aussi une influence spéciale qui seconde cette opération ; mais
que, parmi ces couleurs, celles dont le pouvoir éclairant (à
l'exception du vert) est le plus grand, sont aussi celles qui favorisent le moins l'acte qui fait développer les organes rudimen-
taires de la graine ; 2° que sous les rayons colorés du plus grand
pouvoir éclairant, les radicules se développent le moins et avec
plus de lenteur ; qu'au contraire, les plumules y croissent mieux
et plus vite ; que sous les rayons colorés d'un pouvoir éclairant
faible, les radicules et les plumules prennent un développement semblable à celui qu'elles atteindraient dans l'obscurité ;
que, par conséquent, l'étiolement des végétaux sous les rayons
du prisme est en raison inverse de leur pouvoir éclairant ».
Quant aux autres conclusions de ce travail, elles s'adressent
exclusivement à la période végétative ; je les passerai donc sous
silence. Enfin l'auteur se pose, en terminant, la question de
savoir « si c'est bien uniquement par sa clarté que la lumière
agit dans la coloration progressive des végétaux ».

A l'occasion de cette communication, Ad. Brongniart(1) fit
observer que les résultats annoncés par Ch. Morren pouvaient
« dépendre non seulement de la différence du pouvoir éclairant des divers rayons du spectre, mais aussi de la quantité
plus ou moins grande de lumière blanche que les verres colorés laissent passer ». Il rappela que dans des expériences
tentées en 1830 il avait cru « remarquer aussi que les rayons
jaunes se rapprochaient plus qu'aucun autre par leur action
de la lumière blanche ; mais il vit bientôt que cela dépendait
de ce que tous les verres jaunes laissaient passer une très
grande quantité de lumière blanche, tandis que les verres

(1) *Note faisant suite au travail de Ch. Morren. An. sc. nat.*, 1832, t. XXVII.

verts et bleus n'en laissent passer que très peu, et les verres
rouges n'en laissent pas traverser du tout, l'intensité de la
lumière était extrèmement différente dans ces diverses expériences ».

En dehors de la critique justifiée que Ad. Brongniart fait de
l'emploi des verres colorés, les expériences de Ch. Morren ne
sont pas, au point de vue qui nous occupe, aussi importantes
qu'elles auraient pu l'être : ce botaniste n'a malheureusement
pas suivi avec assez d'attention l'ordre dans lequel s'est faite
dans chaque graine l'apparition de la radicule : c'est là que
résiderait pour nous le point vraiment intéressant de ces
observations. Enfin quelques détails des expériences me
paraissent sujets à discussion. Ainsi les graines ont été recouvertes d'une couche de terre de 3 millimètres, au lieu d'être
exposées directement à l'action des différentes couleurs, ce
qui eût été préférable, à condition d'assurer aux semences une
humidité suffisante. Quant à cette dernière circonstance, Morren arrosait chaque vase d'une quantité égale d'eau chaque
jour. Il peut y avoir là encore la cause d'une erreur d'expérimentation. La graine, en effet, doit, pour germer, absorber une
quantité d'eau qui est constante pour des graines de même
espèce, de même état hygrométrique, de même poids et de
même volume, placées dans les mêmes conditions thermiques.
Mais dans le cas particulier il est évident que les phénomènes
d'évaporation ont dû varier dans des limites même assez considérables : le seul moyen d'éviter cet inconvénient est donc de
disposer les graines de telle façon qu'elles puissent absorber
autant d'eau qu'elles en ont besoin, sans courir le danger
d'une complète submersion qui empêcherait le fonctionnement
respiratoire et les exposerait à une altération plus ou moins
prompte.

En 1834, Ph. A. Pieper[1] fit paraître à Berlin un mémoire
dans lequel il prétend avoir eu pour but d'étudier la germination et la végétation des plantes sous des verres de couleur dif-

---

(1) *Das wechselnde Farben-Verhältniss in den verschiedenen Lebens-Perio
den des Blattes*, etc. Berlin, 1834.

férente, et avoir observé le développement du cresson des
jardins sous les sept couleurs du spectre, sous un verre blanc
et sous un verre entièrement obscurci. D'après quelques lignes
consacrées à l'examen de ce travail par Meyen [1] dans une
revue des travaux de botanique parus en 1834, j'ai cru utile
de consulter ce mémoire, et grand a été mon étonnement de
n'y trouver que des assertions sans preuves et des théories qui
n'ont rien de scientifique.

Meyen [2] lui-même s'est d'ailleurs occupé de la même question. « Il existe, dit-il, une vieille croyance populaire (et elle
s'est glissée jusque dans les écrits des botanistes), qui veut
que l'obscurité hâte la germination des graines, d'où les
botanistes ont déduit que les graines doivent germer plus
rapidement à l'ombre qu'au soleil. J'ai répété moi-même
ces observations sur des graines appartenant à dix genres
différents de plantes : les unes germaient dans l'obscurité
et les autres à la lumière solaire, dans les mêmes conditions de chaleur et d'humidité, et j'observai que l'apparition
de la radicule et le développement des cotylédons se faisait
simultanément de part et d'autre. »

Il est regrettable que Meyen n'ait point rapporté ses expériences avec quelque détail et ne nous renseigne pas sur le
moyen qu'il a employé pour assurer une température identique
à des graines germant simultanément les unes à l'obscurité,
les autres à la lumière. Cette lacune me porte à penser qu'il
est tombé dans l'erreur commise par ses devanciers et que
ses expériences doivent par conséquent être considérées comme
n'apportant aucun élément nouveau à la solution du problème.

Quelques années après, Zantedeschi [3] adressait à l'Académie des sciences une communication consacrée à l'étude
de l'*influence qu'exercent, sur la végétation des plantes et la
germination des graines, les rayons solaires transmis à travers*

(1) *An. sc. nat.*, 2ᵉ série, 1835, t. IV, p. 220.
(2) *Neues System. der Pflanzen physiologie*, 1837, t. II, p. 312.
(3) *C. R.*, XVI, p. 747.

des verres colorés. D'après les conclusions de ce travail, qui
sont seules insérées aux *Comptes rendus* « l'ordre observé
dans la germination des graines par Sénebier, dit Zantedeschi,
était du violet au rouge; dans mes observations il a été, pour
les graines de l'*Iberis amara* du rouge au jaune et au violet;
pour celles de l'*Echinocactus ottornis*, du violet au rouge et
au jaune. De même pour la pousse des bulbes d'*Oxalis mul-
tiflora*, je l'ai trouvé allant du rouge au jaune et au violet,
pendant que d'après Hunt, les oignons de tulipe poussent le
plus promptement sous le verre orangé, puis sous les verres
bleu et vert ».

Malgré l'intérêt de ces recherches, elles n'en restent pas
moins, comme les précédentes, entachées de la cause d'erreur
inhérente à l'emploi des verres colorés non monochromati-
ques.

L'opuscule de Belhomme (1) publié probablement dans
le courant de l'année 1854, m'a paru être l'œuvre d'un jar-
dinier plutôt que celle d'un botaniste ; car il contient de graves
erreurs physiologiques. C'est ainsi que l'auteur affirme dès la
première phrase que l'action de l'air, de l'humidité et de la
lumière suffit à faire apparaître immédiatement la germination, sans même faire mention de la chaleur. Or malgré la
tendance que nous avons à penser que la lumière exerce une
action sur la germination, nous ne saurions cependant donner
à cette action la même importance qu'aux conditions reconnues indispensables à ce processus physiologique.

Belhomme fait ressortir le fait suivant : « des graines semées
sur couche à l'action directe des rayons solaires, seront retardées pour leur germination, si ces mêmes graines sont abritées
ou par une toile très claire ou par un blanchiment de chaux
léger sur les vitres ; alors on voit les graines lever plus promptement et gagner une avance de trois ou quatre jours ». Il
conclut de ce fait, sans que rien justifie d'ailleurs cette assertion, que la lumière est aussi indispensable à la germination

(1) *De la germination*, brochure sans date, offerte le 10 novembre 1854, à la
Société botanique.

que la chaleur ou l'aération. On doit regretter que Belhomme ne nous fasse pas connaître quelles étaient dans ses expériences les conditions de chaleur et d'humidité. Il y a là une lacune considérable qui jointe à l'exposition confuse et parfois ambiguë de l'auteur, diminue singulièrement la valeur de ses observations.

Je dois incidemment signaler une des causes les plus sérieuses de la divergence des opinions émises sur la rapidité plus ou moins grande de la germination, suivant que les semis sont exposés à l'action directe du soleil ou protégés contre ses rayons. Les uns pensent (et c'est l'opinion généralement admise) que les semis lèvent plus vite quand ils sont recouverts, les autres affirment au contraire, que la germination est plus prompte sous l'influence directe de la radiation solaire. Cette divergence me paraît facile à expliquer dans certains cas en faisant intervenir les conditions de température ambiante. Quand la température de l'air est très élevée et qu'elle dépasse le degré favorable pour la germination des graines mises en expérience, il y a évidemment intérêt à protéger les semis contre l'ardeur du soleil, de façon à les maintenir à une température moindre, c'est-à-dire, aussi rapprochée que possible du degré favorable. Si on néglige cette précaution, il y aura probablement retard dans la germination.

Mais quand la température de l'air est inférieure au degré favorable, il y a avantage, abstraction faite de l'action propre de la lumière, à exposer les semences à une influence aussi complète que possible des rayons solaires ; et c'est alors très probablement que l'on a pu constater une accélération du processus germinatif sous l'influence de la lumière.

Belhomme (1) a encore observé que les graines placées sous des vitres de couleur verte germent assez rapidement et que les graines de réséda ne germent jamais quand elles sont recouvertes de 2 ou 3 centimètres de terre, mais seulement lorsque, après trois, quatre et même cinq ans, elles sont

(1) *Op. cit.*, p. 6.

A. Pauchon.   6

revenues à la surface du sol. Il engage les horticulteurs à
semer les graines des plantes aquatiques des régions équato-
riales en plein soleil (1); il dit enfin n'avoir pas réussi à faire
germer des graines de caféier récoltées depuis deux mois à
cause de la décomposition du principe huileux contenu dans
le grain (2). Mes expériences personnelles me permettent d'affirmer que c'est là une erreur ; car il m'a été facile de faire
germer dans l'eau à plusieurs reprises au fort de l'été des
graines de café récoltées depuis plus de trois mois : la germination s'effectuait même avec une rapidité très grande, en
cinq ou six heures ; mais aussitôt après l'apparition d'une
radicule de 6 à 7 millimètres, le développement s'arrêtait.

M. G. Ville (3) professait en 1865, que « parmi les agents
impondérables, l'action de la lumière peut être considérée
comme nulle », et que l'influence nuisible des rayons solaires
directs sur la germination n'est que le résultat de la chaleur
qui leur est inhérente. D'après cet auteur, « pour les semences
des plantes aquatiques qui germent dans l'eau, l'obscurité
semble décidément favorable à la germination » ; mais d'une
manière indirecte, en empêchant l'échauffement de l'eau par
la radiation solaire et le dégagement de l'air dissous dans ce
liquide, qui aurait pour conséquence un défaut d'aération des
graines.

Dans un de ses derniers ouvrages, Ch. Darwin (4) parle de
« quelques espèces dont les graines ne lèvent pas bien quand
elles sont exposées à la lumière, quoique les verres qui les
contenaient fussent exposés sur une cheminée, d'un seul côté
de la chambre, et à quelque distance de deux fenêtres ». Il a
constaté ce fait de la manière la plus nette avec les graines de
Papaver vagum et de *Delphinium consolida*, moins nettement
avec celles de l'*Adonis æstivalis* et de l'*Ononis minutissima*

(1) *Op. cit.*, p. 4.
(2) *Op. cit.*, p. 2.
(3) *Revue des cours scientif.*, 2ᵉ vol., p. 429, 1865.
(4) *Des effets de la fécondation croisée et directe, etc*, Trad. Heckel, 1877.
Chap. I, p. 13.

Pour les semences de *Delphinium consolida*, son opinion ne me paraît point démontrée, car j'ai vu leur germination s'effectuer presque aussi rapidement à la lumière qu'à l'obscurité.

M. le professeur Duchartre (1) regarde l'action de l'obscurité sur la germination comme une de ces influences secondaires « qui, bien qu'utiles en général ou dans des circonstances particulières, peuvent être supprimées sans que le phénomène cesse pour cela d'avoir lieu ». Opposant judicieusement aux expériences de Sénebier et de ses partisans, celles de Th. de Saussure et de Meyen, il pense qu'« il y a tout au moins beaucoup d'exagération dans les idées qui régnent à cet égard ».

Tout récemment, Faivre (2) a constaté que l'apparition du latex qu'il appelle primordial suit de près la formation des vaisseaux et se fait à un moment où la radicule n'a que quelques millimètres de longueur, et où les cotylédons encore enfermés dans les enveloppes séminales ne reçoivent pas l'action de la lumière. Il a noté aussi que les graines placées dans la lumière jaune obtenue par une solution de bichromate de potasse ont développé leur chlorophylle et leur latex plus rapidement que dans la lumière bleue obtenue par l'oxyde de cuivre ammoniacal; que par conséquent la période de germination a été plus courte dans le premier cas que dans le second.

Enfin, dans presque tous les traités classiques récents, l'influence de la lumière sur la germination est considérée comme nuisible ou comme nulle, et ses effets sont rapportés à l'énergie calorifique qui est inhérente à la radiation solaire.

Ici se termine ce qui a trait à la germination des Phanérogames. Il me reste, pour compléter cet historique, à dire quelques mots de l'influence de la lumière et de l'obscurité sur la

(1) *Éléments de botanique*, 2ᵉ éd., 1877, p. 809.
(2) *C. R.*, 24 février 1879. *Le latex durant l'évolution germinative du* Tragopogon porrifolius, *effectuée dans des conditions diverses de milieu extérieur.*

germination des Cryptogames. Le peu que l'on sait sur ce
sujet est emprunté exclusivement à quelques travaux contemporains et en particulier à ceux de de Bary.

Bien que M. de Seynes (1) pense que « les spores de Cryptogames germent tout aussi bien à la lumière que dans l'obscurité », il cite cependant l'observation de Milde (2) d'après
laquelle, le développement des spores d'*Equisetum* pour former un proembryon se fait d'une manière irrégulière dans
l'obscurité, ce qui prouverait que cette dernière condition leur
est nuisible.

De Bary (3) considère l'exclusion de la lumière comme ayant
une influence bien sensible sur la germination des conidies de
Peronospora macrocarpa, sans que cependant cette condition
soit indispensable. Voici comment il s'exprime à ce sujet :
« Dans de nombreuses expériences que j'ai faites sur les conidies mentionnées, je semais les spores dans des gouttes d'eau
déposées sur des lames de verre ; puis je plaçais celles-ci sous
une cloche de verre, dans une atmosphère humide. L'ense-
mencement se faisait entre deux heures du matin et une heure
de l'après-midi, dans une chambre qui ne recevait que la
lumière diffuse, et à une température qui variait de 13 à 16
degrés. Dans quelques-unes de ces expériences, il est vrai, la
germination s'est produite au bout de quelques heures ; mais
dans la plupart, point de changement n'avait eu lieu jusqu'au
soir ; le lendemain matin la germination était achevée. Pour
examiner si c'était l'influence de la lumière et de l'obscurité à
laquelle ce résultat était dû, deux semis égaux furent placés
l'un à côté de l'autre, l'un sous une cloche noircie, l'autre
sous une cloche transparente. Répétée plusieurs fois à une
température peu variée (13 à 16° C.) cette expérience donna
toujours le même résultat : germination au bout de quatre
à six heures chez les conidies sous la cloche noircie ;

(1) *Op. cit.*, 1863, p. 17.
(2) *De sporarum Equisetorum germinatione.* Dissert. inaug. bot., 1850.
(3) *Du développement des champignons parasites.* (*Ann. sc. nat.*, 4ᵉ série
. XX, pp. 39 et 40, 1863.

chez les autres, point de changement jusqu'au soir; le lendemain matin, germination achevée. »

On peut adresser à cette expérience le même reproche qu'à
bon nombre de celles que nous avons déjà passées en revue :
les spores placées sous la cloche noircie avaient une température ambiante supérieure à celle de leurs congénères disposées sous la cloche transparente. Il est donc permis d'attribuer à la différence de température une part dans le résultat
observé.

Les conidies de *Peronospora umbelliferarum* (1) ont paru,
au contraire, peu influencées par la lumière et par la chaleur,
dans les limites ordinaires.

Le développement des zoospores du *Peronospora infestans* (2) est, d'après de Bary, favorisé par l'exclusion de la
lumière. « Je ne l'ai jamais observé, dit-il, quand le semis
recevait directement la lumière du soleil. Les semis étaient
faits sur une lame de verre blanc et recevaient les rayons de
la lumière diffuse que réfléchit le miroir du microscope :
souvent la formation des spores n'avait pas lieu, cependant
il y avait des cas où elle se produisait très promptement.
Placées dans un endroit modérément éclairé ou protégées
par une cloche noircie, les conidies produisent très facilement
des zoospores. » En résumé, ces expériences prouvent que le
développement des spores du *Peronospora infestans* se fait
aussi bien à la lumière diffuse qu'à l'obscurité. Quant à l'absence de germination observée par de Bary, sous l'action
directe du soleil, la dessiccation n'est-elle pour rien dans ce
résultat? Peut-être même, existe-t-il pour les spores comme
pour les graines, une température favorable à leur germination, température qui a peut-être été dépassée dans les expériences? Je ne hasarde ces explications qu'avec beaucoup de
réserve ; cependant je trouve prématurée la conséquence que
M. de Lanessan (3) s'est hâté de tirer des observations de

(1) De Bary. *Op. cit.*, p. 41.
(2) *Op. cit.*, p. 41.
(3) *Manuel d'Histoire nat. méd.*, 1ᵉ partie, p. 198.

de Bary, sur le *Peronospora infestans*, pour « expliquer en
partie le développement très rapide de ces champignons sur
les pommes de terre placées dans les caves et autres lieux
obscurs ». La cause de ce fait doit, à mon avis, être cherchée
ailleurs, et il est facile de la découvrir quand on parcourt at-
tentivement le travail de l'illustre mycologue. Il insiste, en
effet, à plusieurs reprises sur la nécessité de plonger complètement dans l'eau les conidies des *Peronospora* pour en obtenir
la germination, et sur le rôle prépondérant de l'eau dans cet
acte physiologique. Il est donc très probable que si les spores
du *Peronospora infestans* germent et se développent plus facilement sur le pommes de terre placées à l'obscurité, cela
tient uniquement aux conditions plus favorables d'humidité
qu'elles trouvent dans les caves et dans les lieux obscurs, et
non pas à l'absence de lumière comme le prétend M. de
Lanessan.

La lumière exerce une influence très prononcée sur l'*Utro-
myces appendiculatus* de la fève. Voici le résultat des observations de de Bary sur cette Urédinée :

« Les touffes urédinifères de ce parasite se trouvent sur les
deux faces de la feuille de la fève, mais contrairement à ce
qui arrive dans la plupart des Urédinées, leur première apparition a ordinairement lieu à la face supérieure de ces feuilles.
Des observations fortuites ayant rendu probable que ce phénomène pouvait être déterminé par l'influence de la lumière,
je semai des stylospores *Uredo* sur la face inférieure d'une
quantité de feuilles de *Faba* dont les unes recevaient la
lumière sur la face inférieure, les autres sur la face supérieure.

« Au bout de dix jours, les fruits du parasite se montrèrent;
les feuilles qui avaient reçu la lumière sur la surface inférieure y furent bientôt couvertes de pustules d'*Uredo*, tandis
qu'il n'y avait aucune trace de ces pustules à la face supérieure. Ce ne fut que bien plus tard que des pustules isolées
firent apparition sur celles-ci. Dans les autres feuilles, les premières pustules se rencontrèrent à la face supérieure ou simultanément sur les deux faces.

« La plupart des Urédinées produisent leurs fruits principalement à la face inférieure des feuilles; on doit donc supposer qu'elles fuient la lumière. »

Il y a lieu de se demander ici encore si la prédilection que les spores des Urédinées affectent pour la face inférieure des feuilles, ne tient pas à la plus grande humidité de cette face moins influencée par la lumière et moins sujette à l'évaporation.

H. Leitgeb (1) a étudié l'influence de la lumière sur la germination des spores d'Hépatiques et a obtenu les résultats suivants : « Pour la germination de la spore, un minimum d'intensité de lumière est indispensable; l'intensité de lumière suffisante pour faire commencer la germination (formation du filament germinatif) ne suffit pas pour la formation du disque germinatif qui se forme à l'extrémité du filament. » Ce fait montre clairement que chez les Hépatiques la lumière est nécessaire à toutes les phases du développement normal, mais plus nécessaire cependant à la phase de végétation qu'à celle de germination.

Enfin le travail de O. Brefeld, dont j'ai déjà eu occasion de parler, contient, relativement à la question qui m'occupe, quelques faits intéressants. C'est ainsi que cet observateur a remarqué que les spores de *Pilobolus microsporus* (2) germent au bout de cinq jours, dans les cultures éclairées, à la température ordinaire, tandis que la germination se produit en vingt-quatre heures à la température de 25 degrés, toutes les autres conditions étant égales. Toutefois, il n'a fait aucune observation directe pour déterminer si la germination se faisait moins vite à l'obscurité; la chose me paraît toutefois extrêmement probable, d'après ce que nous connaissons déjà de l'influence de la lumière sur le développement de ce champignon : mais ce n'est là qu'une simple hypothèse (3).

(1) *Sitzber der K. Akad. der Wissench.* Wien., Z. XXIV, 1876, et *Bot. Zeitg.*, 1877, n° 22, p. 355.

(2) *Bot. Zeitg.*, 1877, n° 25, p. 402.

(3) Je dois appeler l'attention sur l'influence très favorable qu'une tempé-

Chez *Coprinus stercorarius* (1), la germination des spores ne semble pas avoir été influencée par la lumière. Car le développement complet de ce champignon a paru se faire aussi rapidement dans l'obscurité la plus complète qu'en plein jour. Toutefois la germination des spores n'est pas spécialement indiquée dans les observations de Brefeld.

M. Borzi (2) a récemment reconnu que l'obscurité n'arrête pas la multiplication des *Nostoc*, dont les articles détachés continueraient à se mouvoir pendant la nuit comme en plein jour.

D'autre part, M. Günther Beck (3) a constaté que la dilatation des spores du *Scolopendrium vulgare* s'opère plus facilement dans l'obscurité, et que la germination n'a lieu que sous l'influence d'une lumière d'intensité suffisante. L'auteur de la *Revue bibliographique*, où se trouve analysé ce travail, dit que « cela surprend quand on songe que la Scolopendre recherche l'obscurité, où elle trouve l'humidité nécessaire ». En réalité, bien que, d'une manière générale, les Fougères végètent surtout dans les lieux humides, frais et ombragés, il y a lieu de penser que la première condition suffit à leur existence, et que les deux autres n'interviennent que pour rendre plus efficace l'action de l'humidité. C'est ainsi que sur les flancs du Monte-Rotondo (Corse), en certains points exposés à l'action directe des rayons solaires, mais suffisamment humides quoique dépourvus de forêts, on rencontre en abondance des Fougères de grande dimension. D'ailleurs, les observations de Boro-

rature de 25 degrés a exercée sur la germination des spores du *Pilobolus microsporus*, tandis qu'une température inférieure se traduisait par un retard de quatre jours. Ce fait me paraît de nature à faire admettre l'existence d'un degré favorable pour la germination des spores, comme cela existe pour la germination des graines. C'est un point à éclaircir par des expériences directes.

(1) *Op. cit., loc. cit.*

(2) *Nota alla morphologia e biologia delle Alghi ficocromaceæ* (*Nuovo Giornale botanico italiano*, vol. X, n° 3, pp. 236-289.

(3) *Sitzungsberichte der Kais. Akademie der Wissenschaften*, 10 octobre 1878.

(4) *Bull. soc. bot. Revue bibl. C.*, 1879, p. 106.

din (1) démontrent que les spores des Fougères ne peuvent parcourir heureusement les différentes phases de leur germination quand on les maintient dans les ténèbres. L'obscurité est donc en elle-même une condition défavorable à certains phénomènes du développement des Fougères.

Ce mémoire était déjà terminé quand parut, à Iéna, un livre du professeur Detmer consacré à la physiologie comparée de la germination, et qui est presque exclusivement une œuvre de compilation (2). En ce qui concerne l'action de la lumière, l'auteur constate que le processus germinatif peut très bien se développer dans des graines maintenues à l'obscurité, ce que confirme l'observation journalière ; mais il pense qu'il y a lieu de se demander « si tous les embryons possèdent la propriété de s'accroître en l'absence de la lumière, et si la propriété et l'énergie germinatives des semences peuvent être influencées de quelque façon par la lumière, questions qui ont une réelle importance si l'on considère l'influence considérable exercée par la lumière sur l'accroissement de certaines parties des plantes » (3). Il rappelle à ce sujet les observations de Leitgeb et de Borodin que j'ai mentionnées déjà, et celles de Pfeffer (4) sur le *Marchantia polymorpha*, qui, élevé à l'obscurité, ne donne naissance à aucun poil radiculaire et ne pousse aucun bourgeon latéral.

« Quant à l'action de la lumière dans ces différents cas, dit-il, on ignore si elle est directe, c'est-à-dire si elle se traduit par l'emmagasinement de nouvelles substances dans les tissus végétaux, ou si, au contraire, elle assure la persistance, dans les cellules, d'un processus spécial en relation plus ou moins intime avec les phénomènes d'accroissement et qui ne pourrait évoluer qu'à l'obscurité (5). »

Au point de vue historique, M. Detmer rappelle l'opinion

1) Mélanges biologiques tirés du *Bull. acad. Saint-Pétersbourg*, t. VI, 1867.
(2) *Vergleichende. Physiologie des Keimungsprocess der Samen*, Iéna, 1880
(3) *Op. cit.*, p. 448.
(4) *Arbeiten d. botan. Instituts zu Wurzburg*, Bd. I, S. 77.
(5) *Op. cit.*, p. 448.

de A. de Humboldt (1), d'après lequel les semences doivent
lever plus facilement à l'obscurité qu'à la lumière; celle de
Fleischer (2), celle de Heiden (3), celle de Nobbe (4), qui considèrent les rayons solaires comme dépourvus d'action sur les
premiers stades du développement de l'embryon; enfin celle
de Hunt (5), d'après lequel la lumière retarde la germination.
L'auteur combat les conclusions de Th. de Saussure, en se
basant surtout sur les phénomènes d'héliotropisme, qui lui
démontrent « la dépendance certaine existant entre la lumière
et le processus germinatif chez plusieurs graines » (6).

J'espérais trouver dans ce travail volumineux quelques faits
nouveaux sur la respiration des graines pendant la germination. Cet espoir a été complètement déçu : de même que le
chapitre consacré à l'influence de la lumière sur la germina-
ion n'a trait qu'aux phénomènes d'étiolement; de même les
parties consacrées à l'étude des échanges gazeux n'ont pour
objet que la phase végétative et non la germination. L'auteur
avoue que « l'on ne sait encore dans quel sens agit la lumière
sur l'absorption d'oxygène » (7), et « qu'il n'y a rien de précis
dans les travaux récents sur la relation qui existe entre le
degré de l'éclairement et l'intensité respiratoire » (8).

Le professeur d'Iéna a cependant fait quelques recherches
pour déterminer si les graines à l'état sec et maintenues dans
une atmosphère privée de toute humidité absorbent de l'oxygène, et a constaté qu'aucun échange gazeux ne se produit
dans ce cas (9). Ce que l'on sait des phénomènes de la vie
latente, si bien décrite par Claude Bernard, et des lois générales de la respiration, permettait d'affirmer *à priori* le

(1) *Aphorismen*, Deutsch von Fischer, 1794. S. 90.
(2) *Beitrage zur Lehre vom Keimen der Samen*, 1851, S. 31.
(3) *Dessen Abhandlung uber das Keimen der Gerste*, 1859, S. 45.
(4) *Handbuch der Samenkunde*, S. 240.
(5) *Bot. Zeitg.*, 1851, S. 304.
(6) *Op. cit.*, p. 450.
(7) *Op. cit.*, p. 263.
(8) *Op. cit.*, 270.
9) *Op. cit.*, p. 363.

résultat négatif mentionné par M. Detmer. Le spermoderme est en effet la membrane respiratoire de la graine, et l'oxygène ne le pénètre qu'en se dissolvant dans sa substance plus ou moins humidifiée.

Voilà, à notre connaissance, tous les documents qui existent dans la science relativement à la question si discutée qui fait le sujet de ce travail. Nous les avons soigneusement recueillis, longuement et minutieusement discutés. Quelle impression cette étude historique et critique doit-elle laisser dans notre esprit? Il ne saurait y avoir doute sur la conclusion qui s'en dégage. Le problème si souvent posé est encore intact, au moins pour ce qui concerne les Phanérogames. Les solutions diverses qui ont été données ne reposent encore, ainsi que nous croyons l'avoir établi, que sur des opinions contradictoires et des expériences défectueuses. Nous mettrons donc à profit les erreurs de nos devanciers, et peut-être serons-nous assez heureux pour apporter dans nos recherches un degré de précision et de rigueur expérimentale suffisant pour fournir à nos conclusions une base solide.

CHAPITRE III

RÔLE DE LA LUMIÈRE DANS LA GERMINATION,
ÉTUDIÉ D'APRÈS LE DÉVELOPPEMENT EXTÉRIEUR DE L'EMBRYON

Examen préalable des causes d'erreur inhérentes à la graine et au milieu.

J'adopterai, pour l'exposé de ces recherches, l'ordre que j'ai suivi dans les expériences elles-mêmes. Il était naturel d'employer d'abord la méthode la plus usitée parmi les botanistes, c'est-à-dire celle qui consiste à prendre pour *critérium* des observations la rupture plus ou moins hâtive du spermoderme et l'apparition de la radicule, quitte à recourir à un autre procédé, si les résultats ainsi obtenus ne paraissent points satisfaisants. Cette méthode était entourée de difficultés nombreuses, par suite des conditions multiples qui peuvent influer sur la germination. J'ai donc étudié d'abord, et à un point de vue tout à fait général, un certain nombre de circonstances qui sont considérées comme étant de nature à influencer d'une manière plus ou moins profonde la marche du processus germinatif. Ces causes d'erreur une fois connues, il m'était plus facile de les éviter ou tout au moins d'en limiter l'action, quand je n'avais pu les écarter d'une manière complète.

Parmi ces conditions, certaines ont été déjà signalées par les auteurs et sont par conséquent assez bien connues; mais il en est d'autres qui ont été révélées par des travaux récents et méritent, par conséquent, d'être discutées d'une manière spéciale. L'étude de ces diverses conditions est donc le préambule nécessaire des recherches expérimentales qui font le sujet de ce chapitre.

§ 1. — Causes d'erreur inhérentes aux graines.

Ces causes d'erreur se divisent naturellement en deux groupes : celles qui sont inhérentes à la graine elle-même, à son individualité, à ses propriétés innées ou héréditaires, et celles qui existent en dehors d'elle et sont sous la dépendance exclusive du milieu.

Ces causes sont très probablement plus nombreuses qu'on ne le pense généralement; mais elles ne me paraissent pas avoir été jusqu'à ce jour étudiées avec une attention suffisante. Si certaines d'entre elles ont été en effet constatées empiriquement par les botanistes et les agriculteurs, il en est d'autres qui ne peuvent être reconnues que par un examen minutieux.

Mais ces diverses circonstances ne doivent elles-mêmes être envisagées qu'après élimination de toutes les graines offrant des altérations physiques appréciables à première vue : c'est donc uniquement aux semences présentant les caractères généraux de maturité et de bonne qualité que s'applique l'étude que nous allons entreprendre.

Il est à peine besoin de rappeler que ces caractères généraux résident dans la grande densité des graines et dans leur faculté germinative. Mais si un certain nombre de semences mûres et pourvues d'un embryon bien développé ont une densité supérieure à celle de l'eau, ce qui fournit un moyen facile de reconnaître leur maturité, il en est beaucoup d'autres dont la densité est très inférieure à celle de ce liquide, particulièrement dans les espèces à graines très petites ou pourvues de certaines différenciations du spermoderme, ainsi que j'ai eu fréquemment l'occasion de le constater dans le cours de ces recherches. Certaines d'entre elles ont même parfois dans le périsperme un véritable appareil de flottaison, par exemple le *Pancratium maritimum* (1).

Quant à la faculté germinative, elle n'est que la conséquence de la maturité de la graine et de la bonne constitution de l'embryon. Elle peut même précéder la maturité, ainsi que le démontrent des observations nombreuses ; de telle sorte que, suivant l'expression de M. de Gasparin (2), il y a pour les graines une maturité germinative antérieure à la maturité organique.

Il résulte, d'autre part, des recherches de Cohn (3), que la durée minimum de la germination répond à un degré moyen de formation des graines, au delà et en deçà duquel elles germent plus lentement. L'âge des semences, et leur état hygrométrique, qui varie avec lui, exercent donc une influence marquée sur la rapidité de la germination : aussi des graines de même espèce, parfaitement constituées d'ailleurs, mais d'âge différent, ne doivent-elles jamais être employées dans des expériences où il est nécessaire d'obtenir la plus grande fixité possible dans les caractères inhérents à la graine. On doit, au contraire, et tout d'abord, choisir des semences de même âge, de même récolte, de même état hygrométrique.

Mais pour obtenir des résultats absolument comparables,

(1) Van Tieghem, *Observ. sur la légèreté spécifique de quelques légumineuses* (*Ann. sc. nat.*, 6ᵉ série, I, p. 383).

(2) Cité par Duchartre, *Éléments de botanique*, 2ᵉ éd., p. 799.

(3) Cohn, F. *Symbola ad seminis physiologiam*. Diss. in. In-8. Berlin, 1844.

ces conditions ne suffisent pas, et la preuve nous en est fournie par les observations faites à diverses reprises sur les Graminées et les Légumineuses. Ces observations ont été, à la Société d'agriculture, l'objet d'une discussion intéressante dont nous croyons utile de rappeler les points principaux, d'après une analyse qu'en a donnée M. A. de Candolle (1).

M. Lagrèze-Fossat a reconnu que dans la folle avoine (*Avena fatua* L.) les deux graines juxtaposées dans les mêmes enveloppes ne lèvent pas ensemble, mais l'une après l'autre et souvent à une année d'intervalle. Cette particularité, ainsi que le fit observer M. Vilmorin, avait déjà été mentionnée par Rozier (2), et lui-même l'a vérifiée aussi bien pour la folle avoine que pour *Vicia narbonensis* et pour un grand nombre d'espèces non cultivées. D'après les remarques de M. P. Humbert et de M. Vilmorin, cette difficulté de lever simultanément est telle pour le *Vicia* que la culture a dû en être abandonnée, et cependant on n'a pu constater aucune différence dans les graines qui levaient tardivement ou promptement. Bien que M. L. Vilmorin les ait placées à des profondeurs variées dans le sol, l'inégalité de la durée de la germination n'a point cessé de se produire.

M. Decaisne a fait aussi, au Jardin des Plantes, des observations analogues sur le *Gleditschia*. « Parmi les graines du même individu, dit-il, placées dans des conditions semblables, les unes germaient la première année, les autres successivement jusqu'à la cinquième. »

Au cours de la discussion, M. Fabre appela l'attention sur la disposition des enveloppes des semences de folle avoine. « Les enveloppes des graines d'*Avena fatua*, dit-il, sont poilues et pressent fortement la graine, ce qui explique jusqu'à un certain point la difficulté de germer. » La pression différente exercée sur les deux graines, par les glumes qui les entourent,

(1) *Bibl. univ. de Genève*, t. XXX, p. 80 ; 1855.
(2) *Dict. d'agriculture*, art. Espèce, vers la fin. Rozier avait expérimenté que des deux graines renfermées dans les glumes de l'*Avena fatua*, l'une germe la première année et l'autre la seconde.

doit forcément influer sur la pénétration de l'humidité, et faire varier d'une manière directe le degré de perméabilité de ces graines pour l'eau qui les baigne.

La conséquence que l'on doit tout d'abord tirer de ces faits au point de vue expérimental, c'est que, pour les recherches relatives à la physiologie de la germination, il est nécessaire, sinon d'écarter complètement, au moins de n'employer qu'avec une extrême prudence les graines de Graminées comme d'une manière générale pour leur germination irrégulière, et d'éliminer particulièrement celles d'entre elles chez lesquelles l'adhérence des glumes et des glumelles autour de la graine persiste après la maturité de celle-ci.

« Quant aux graines de Légumineuses, qu'on sème parfaitement nues, la cause de l'inégalité sera, dit à ce sujet M. A. de Candolle, plus difficile à découvrir. A-t-on constaté si les graines d'une partie du légume ne germeraient pas plus facilement que les autres, ayant peut-être une maturité différente? A-t-on semé séparément les graines les plus pesantes et les plus légères, les plus grandes et les plus petites, recueillies sur chaque plante? Avant de supposer une vitalité différente, qui ressentirait différemment l'influence des agents extérieurs, il serait à propos de chercher toutes ces causes matérielles qui déterminent peut-être les variations observées. » On ne peut que reconnaître la justesse de ces réflexions : aussi les utiliserons-nous en temps et lieu, en nous efforçant de jeter quelque lumière sur la question qu'elles soulèvent.

En ce qui concerne la perméabilité des graines des Légumineuses pour l'eau, je dois dire qu'elle est très différente suivant les espèces. S'il existe, en effet, des graines, telles que celles de *Gleditschia triacanthos*, d'*Erythrina crista-galli*, etc., où l'imbibition se produit d'une manière très inégale, ainsi que j'ai eu souvent occasion de le noter, il en est d'autres, au contraire, où la pénétration de l'eau se fait d'une façon régulière et sensiblement identique pour la presque totalité des semences. Si l'on place, par exemple, une quarantaine de graines choisies de *Dolichos lablab* dans un flacon à demi rempli d'eau et communiquant librement avec l'atmosphère, on voit le gonflement des graines s'effectuer dans un laps de temps assez court (24 heures environ), par une température moyenne de 15°, et bientôt la radicule apparaît. L'uniformité des phénomènes de germination est, dans un cas, assez complète pour permettre d'utiliser les semences de cette Légumineuse pour les recherches physiologiques. On peut ainsi choisir, d'une manière rigoureuse, les graines les mieux douées au point de vue de la faculté germinative, puisque ce sont justement celles dont le gonflement se fait le plus rapidement.

Mais si l'on peut expliquer l'irrégularité de la germination de certaines Graminées par la compression qu'exercent sur la semence des enveloppes multiples, à quelle cause faut-il attribuer cette irrégularité chez les Légumineuses, où les graines sont complètement nues? C'est ce qu'ont recherché récemment E. Nobbe et M. Hœnlein (1). Procédant à l'examen anatomique des enveloppes de la graine, ils ont reconnu que le siège de la résistance à la pénétration de l'eau réside dans la couche cellulaire extérieure et surtout dans la cuticule; ils ont supposé que des circonstances encore indéterminées pouvaient agir sur certaines graines pendant la période de maturation, pour leur donner une force anormale de résistance contre les agents qui favorisent la germination. Il faut avouer que ce n'est là qu'une hypothèse.

Les causes signalées par M. A. de Candolle (2) méritent un sérieux examen. La maturité différente des graines d'un même fruit de Légumineuse doit vraisemblablement exercer une influence sur la durée de la germination. Mais si l'on choisit des graines d'un même fruit et de poids identique, cette cause d'erreur sera forcément atténuée dans la plus large mesure. Quant à la question du volume et du poids des semences dans

(1) *Résistance des graines à la germination.* Mémoire analysé par Marc-Micheli (*Bibl. univ. de Genève*, 1878, p. 135).
(2) *Bibl. univ. de Genève*, t. XXX, 1855, p. 80.

leurs rapports avec la germination, e le sera étudiée ultérieurement avec les développements qu'elle comporte.

Toutefois, en dehors de ces circonstances, il en est encore d'autres auxquelles on a attribué une influence sur la durée de la germination. Je m'occuperai d'abord de l'origine autofécondée ou croisée des graines en expérience.

Ch. Darwin[1] a noté dans vingt et un cas la durée de la période germinative des semences croisées et des semences autofécondées, et avoue lui-même que « les résultats de ces observations sont très embarrassants ». En faisant abstraction d'un cas où la germination des deux lots fut simultanée, on en trouve dix où la moitié des graines autofécondées leva avant les croisées, et dans les autres une moitié des croisées germa avant les autofécondées.

Malgré leur petit nombre, ces faits permettent de penser que, dans l'état actuel de la question, l'influence directe de l'autofécondation ou de la fécondation croisée sur la durée de la germination des graines obtenues par l'un ou l'autre mode est encore à démontrer. Il faut cependant reconnaître que cette double origine se traduit par des variations dans le poids et le volume des semences, et qu'elle retentit peut-être ainsi d'une manière indirecte, sinon sur la rapidité de leur phase germinative, au moins sur la vitalité des plantes auxquelles ces graines donnent naissance.

Les recherches de Ch. Darwin[2] montrent, en effet, que dans dix cas sur seize qu'il a observés, « les semences autofécondées furent ou supérieures ou égales en poids aux croisées; néanmoins, dans six cas sur dix, les plants obtenus de semence autofécondées furent inférieurs, et en hauteur et à d'autres points de vue, à ceux issus des graines croisées. La supériorité en poids des semences autofécondées, dans six cas au moins sur dix, peut être en partie attribuée à ce que les capsules autofécondées contenaient un nombre de grains

(1) Des effets de la fécondation croisée, etc., trad. Heckel, p. 359.
(2) Op. cit., p. 358 et suiv.

A. Pouchon.   7

moindre; car lorsqu'une capsule renferme seulement quelques semences, celles-ci ont tendance à être mieux nourries et plus pesantes que lorsqu'elle en renferme beaucoup. Il faut cependant remarquer que, pour plusieurs des cas ci-dessus, dans lesquels les semences croisées furent les plus lourdes, les capsules croisées renfermaient un plus grand nombre de graines ». Ces faits semblent prouver, ainsi que le fait remarquer Darwin, la supériorité que doivent avoir, comme vigueur constitutionnelle, les semis croisés : « car on ne peut mettre en doute que de belles graines, bien pesantes, n'aient tendance à engendrer de belles plantes ».

Malheureusement, le naturaliste anglais ne nous renseigne pas sur l'apparition plus ou moins rapide de la radicule dans ces différents cas, bien qu'il pense que « la légèreté relative des semences autofécondées détermine apparemment leur germination hâtive, probablement en raison de ce que les plus petites masses sont favorables au plus rapide achèvement des changements chimiques et morphologiques nécessaires à l'acte germinatif (1) ». Il dit cependant avoir reçu de M. Galton des semences de *Lathyrus odoratus* toutes autofécondées, qu'il divisa et fit germer en deux lots, les plus lourdes et les plus légères; « et plusieurs des premières eurent la priorité comme germination ».

D'autre part, M. Wilson, ayant fait germer séparément les plus grandes et les plus petites graines du *Brassica campestris rutabaga* (le rapport entre le poids de ces deux lots étant de 100 à 59), observa que les semis « des plus grandes semences prirent du poids et maintinrent leur supériorité jusqu'à la fin (2) ». Mais il n'est pas fait mention, dans ce travail, de la durée de la germination.

Darwin rappelle encore dans une note que Loiseleur-Deslongchamp (3) « fut conduit par ses observations à cette extraordinaire conclusion, que les plus petits grains des céréales

(1) *Op. cit.*, p. 360.
(2) *Gardener's Chronicle*, 1867, p. 107. Cité par Darwin, *op. cit.*, p. 358.
(3) *Les céréales*, 1842, p. 208-219. Cité par Darwin, *op. cit.*, p. 359.

produisent d'aussi belles plantes que les grosses semences. Cette conclusion, ajoute M. Darwin, est cependant combattue par les grands succès du major Hallet, qui améliora le froment en choisissant les plus belles graines ».

D'autres circonstances sont encore de nature à influer sur le volume et le poids des graines de même espèce. C'est ainsi que des recherches déjà anciennes, et récemment confirmées par les observations de MM. Bonnier et Flahault, nous ont appris que les semences d'une même espèce sont plus volumineuses et plus riches en huiles essentielles dans les pays du Nord que dans les pays rapprochés de l'équateur, et que ces graines du Nord, transportées vers le Sud, y donnent leur récolte beaucoup plus tôt que leurs congénères indigènes; il est donc permis de supposer que, dans ce cas, la germination elle-même doit participer à cette rapidité de développement. Mais, si ce fait est exact, n'est-il pas la conséquence de la différence de volume déjà constatée dans ces graines de provenance diverse? C'est l'idée qui s'offre naturellement à l'esprit, et cependant nous verrons bientôt qu'elle est loin d'être démontrée. Je ne signale que pour mémoire cette cause d'erreur, dont l'existence n'est rien moins que certaine, et qu'il est toujours très facile d'éliminer dans les expériences.

Il existe aussi parfois une différence de volume entre les graines contenues dans les fruits, suivant le siège de ces derniers aux rameaux inférieurs ou au sommet de l'arbre. On a pensé que l'ascension de la sève, et le développement du fruit qui en est la conséquence, devaient se faire avec d'autant plus de facilité que la distance à parcourir était moindre. La seule connaissance de cette particularité permet d'écarter l'erreur dont elle pourrait être le point de départ.

La question se trouve donc ramenée pour nous à la solution du problème suivant, déjà agité par les auteurs et résolu en faveur des semences de moindre volume : De deux graines de volume et de poids différents, appartenant à des espèces différentes, quelle est celle qui germera la première? La plus volumineuse ou la plus petite? la plus lourde ou la plus légère?

A. P. de Candolle (1) pensait que « les grosses graines sont plus lentes à germer que les petites, parce qu'elles ont besoin de plus d'eau, et que leur surface absorbante ne croît pas à proportion de leur masse ».

W. Edwards et Colin avaient signalé cette influence, et admis « que la nature et la mesure des effets en rapport avec les différences de volume » sont principalement liées à une loi générale, d'après laquelle « les êtres organisés tendent à parcourir, selon leur volume, plus ou moins rapidement les diverses phases de leur existence ».

Si cette loi est vraie quand on l'applique à l'ensemble du développement des être vivants, on doit avouer cependant qu'elle souffre de nombreuses exceptions en ce qui a trait à l'influence du volume des graines sur la durée de la germination. Il m'a été facile, dans le cours de ces expériences, de recueillir un très grand nombre de faits qui me paraissent démontrer surabondamment la non-existence d'un rapport entre le volume des graines et la durée de leur développement germinatif. Je n'en citerai que quelques exemples. Les graines d'Arachides germent plus vite que celles du Maïs, du Melon, de l'*Helianthus annuus*, de l'*Hibiscus esculentus*, du *Spilanthes fusca*, etc.; les semences de ces espèces ont cependant toutes un volume moindre, quelques-unes même atteignent les dimensions les plus exiguës. Enfin les grains de café peuvent germer en quelques heures, bien plus rapidement que toutes les graines de volume supérieur ou inférieur que j'ai pu expérimenter. Il me paraît donc impossible d'accepter l'opinion émise par M. Ch. Darwin relativement au rapport inverse qui existerait, pour des graines d'espèces différentes, entre le volume de ces graines et la durée de leur période germinative.

Il me semble même que la question ne peut être tranchée d'une manière absolue avec les données que nous possédons actuellement, à moins que l'on n'opère sur des semences ayant leur développement optimum à la même température.

(1) *Phys. végét.*, t. II, p. 651.

En dehors de cette coïncidence, peut-être assez rare et sur laquelle d'ailleurs nous ne possédons aucun document précis, toutes les expériences instituées dans le but de déterminer cette influence comparative du volume sur la germination de graines différentes présentent forcément une cause d'erreur importante, qui est intimement liée à l'existence d'une température favorable, différente pour la germination de chaque espèce de semence. Supposons, en effet, que l'on fasse germer simultanément, et dans des conditions identiques, des graines d'Arachides et des graines de Cresson alénois, les résultats ne seront jamais parfaitement comparables ; car le degré favorable pour cette Crucifère se rencontre vers 17° C., d'après les expériences de M. Alph. de Candolle (1), tandis que ce même degré favorable pour les grains d'Arachides se trouve entre 30 et 35° C., d'après mes observations. Par conséquent, quelle que soit la température à laquelle aura lieu l'expérience, il en résultera forcément une accélération de la germination des graines d'une espèce, et un retard pour celles de l'autre espèce, suivant que cette température sera plus ou moins voisine du degré favorable à la germination des graines de l'une ou de l'autre espèce.

On pourrait peut-être éviter cette cause d'erreur en faisant germer les semences dans les meilleures conditions, c'est-à-dire à la température favorable à chacune d'elles, ce qui pourrait être assez facilement réalisé par l'emploi de l'étuve. En notant la durée du développement germinatif dans ces conditions, on parviendrait à résoudre le problème pour quelques espèces. Il ne faut pas oublier, en effet, que la détermination du point calorifique favorable à la germination n'a pas encore été faite pour le plus grand nombre des graines. La recherche de l'influence du volume des semences sur la durée de la germination pour des espèces différentes est donc complexe et entourée de difficultés nombreuses ; aussi ne doit-on pas s'étonner qu'elle n'ait point encore été résolue expérimentalement d'une façon satisfaisante.

(1) *De la germination sous des degrés divers de température constante.*
Bibl. univ. de Genève, t. XXIV, 1865, p. 243.

Au point de vue particulier de mes recherches, cette question n'a d'ailleurs qu'une importance secondaire ; mais elle me conduit naturellement à l'étude d'un cas particulier du problème général. Étant données deux graines de même espèce et de même récolte, placées dans des conditions identiques, mais de volume différent, quelle est celle qui germera la première ? Nous ne rencontrons plus ici la cause d'erreur inhérente aux différences dans la température favorable. Ces expériences directes sont donc faciles à réaliser. Voici le détail et les résultats de celles que j'ai entreprises à ce sujet.

Les semences auxquelles je me suis d'abord adressé appartiennent à la famille des Légumineuses. Elles sont contenues dans des gousses en nombre variable, et diffèrent presque toujours par leur volume et par leur poids.

Les graines sur lesquelles ont porté mes premières expériences sont celles de l'*Arachis hypogœa*, qui m'étaient déjà connues pour leur rapide germination. Elles sont contenues dans une gousse, au nombre de deux le plus habituellement. J'ai choisi un certain nombre de ces gousses en bon état ; j'ai pesé séparément les deux semences contenues dans le fruit et les ai fait germer couple par couple dans les mêmes conditions de milieu. Le volume et le poids étant, dans cette expérience, les seules circonstances variables, il est évident que toute différence observée dans la durée de la germination devait forcément leur incomber.

Expérience 1. — Deux flotteurs en liège de forme circulaire, et contenant chacun huit couples de graines d'Arachides préalablement pesées, sont placés dans des conditions identiques de milieu.

La première graine lève le troisième jour, et les autres successivement les jours suivants jusqu'au neuvième jour.

Les résultats sont les suivants : pour 6 couples, les graines les plus pesantes ont germé les premières ; pour 6 autres, les graines les moins lourdes ont eu la priorité ; dans 1 cas, il y a eu égalité absolue dans la germination ; enfin, 3 couples n'ont pu germer à cause de l'altération consécutive des graines.

Je dois ajouter que, dans tous les cas, la germination de la seconde graine faisant partie du même couple suivait de près celle de la première; cet intervalle n'était souvent que de quelques heures.

Expérience 2. — Répétée peu de temps après, dans les mêmes conditions et sur les mêmes graines, cette expérience a donné des résultats un peu différents : sur 20 couples, la germination a débuté 8 fois par les graines les plus volumineuses et 6 fois seulement par les graines de moindre dimension; dans 2 cas la marche de la germination a été à peu près identique pour les deux graines; enfin dans 4 cas les graines s'étant altérées n'ont pu germer. Je dois dire que ces graines d'Arachides étaient déjà un peu anciennes et provenaient d'un chargement arrivé depuis peu de la côte d'Afrique : il m'a semblé que certaines de ces graines perdaient parfois leur propriété germinative au bout d'un temps relativement assez court : car dans des expériences faites antérieurement, et où j'avais utilisé quelques graines de la même Légumineuse récoltées au Jardin botanique, aucune semence n'avait avorté.

Expérience 3. — A plusieurs reprises j'ai essayé de faire germer dans les mêmes conditions les graines provenant d'une même gousse de *Gleditschia triacanthos* récoltées au jardin de notre ville. Ces graines avaient été soigneusement pesées et rangées d'après leur poids et leur volume. Dans un cas où j'avais séparé la graine la plus volumineuse des autres semences contenues dans le même follicule, la germination a débuté par une graine du deuxième lot, c'est-à-dire par une des plus petites.

Dans les quatre tentatives que j'ai faites sur ces semences, la germination s'est produite très difficilement et avec une telle irrégularité qu'il m'a été absolument impossible d'en tirer aucune conséquence au point de vue de l'objet particulier de mes recherches. La confirmation des observations de M. Decaisne sur la germination de cette Légumineuse a été aussi complète que possible.

Expérience 4. — J'ai fait germer les graines contenues dans deux gousses d'*Erythrina crista-galli* : deux graines se trouvaient dans chaque gousse. Pour un couple, la germination s'est produite d'abord dans la graine la plus légère ; pour l'autre couple, c'est au contraire la graine la plus lourde qui a eu la priorité.

Ces quelques expériences, faites avec des semences de Légumineuses, n'accusent en somme, dans la durée de la germination, aucune différence sensible en rapport avec le volume variable des graines d'une même espèce. L'irrégularité du processus germinatif dans cette famille étant un fait acquis, il y a cependant lieu de constater l'uniformité des résultats obtenus à deux reprises avec les graines d'*Arachis hypogæa*.

Les graines utilisées pour les expériences qui suivent provenaient du même pied dans la plupart des cas, mais non du même fruit ; elles étaient classées en deux lots d'après leur volume, souvent appréciable à première vue, et leur poids, que je déterminais à l'aide d'une balance de précision.

Expérience 5. — J'ai placé dans un flotteur 24 graines de Maïs provenant du même épi, présentant une coloration jaune uniforme et divisées en deux lots, le premier composé de 12 graines les plus pesantes, le second des 12 autres plus légères. La température moyenne pendant la durée de l'expérience a été de 17° C.

A la fin du quatrième jour, une première germination se montrait dans le deuxième lot ; les germinations ultérieures ont eu lieu dans l'ordre suivant : les deuxième et troisième dans le premier lot ; les quatrième et cinquième dans le deuxième ; les sixième, septième et huitième, dans le premier ; les neuvième, dixième, onzième et douzième dans le deuxième ; la treizième dans le premier ; la quatorzième dans le deuxième ; la quinzième dans le premier ; les seizième et dix-septième dans le deuxième ; la dix-huitième dans le premier ; les dix-neuvième et vingtième dans le deuxième ; enfin les vingt et unième, vingt-deuxième, vingt-troisième et vingt-quatrième, dans le premier.

Je dois ajouter que toutes ces germinations se sont produites dans l'espace de trois jours. L'ordre dans lequel elles avaient lieu était facile à suivre pendant le jour; pour celles qui se produisaient pendant la nuit, je déterminais leur rang chaque matin en me basant sur la longueur de la radicule.

L'analyse de cette expérience permet de constater que tous les grains du deuxième lot avaient germé alors que quatre grains du premier lot n'avaient encore aucune apparence de radicule. Les 10 grains qui ont germé les premiers appartenaient par moitié à chacun des lots, et dans le nombre des cinq premiers grains germés, 3 appartenaient au deuxième lot. Bien que la différence entre la germination des graines les plus lourdes et des graines les plus légères soit dans ce cas très minime, et qu'il faille d'autre part tenir compte de l'irrégularité habituelle du processus germinatif chez les Graminées, il paraît cependant y avoir eu une très faible priorité à l'avantage des graines les plus légères.

Expérience 6. — En même temps que la précédente expérience, j'en disposai une autre avec 10 graines de *Lepidium sativum*, dont 5 plus pesantes et 5 plus légères. Température moyenne, 17° C.

Au bout de 42 heures, une première germination avait lieu dans le second groupe, une deuxième dans le premier, les troisième et quatrième dans le second, les cinquième et sixième dans le premier, les septième et huitième dans le deuxième, la neuvième et la dixième dans le premier: toutes ces germinations s'étaient produites à de faibles intervalles et en 15 heures à partir de la première germination.

Malgré le petit nombre de graines employées, il ne résulte pas moins de cette expérience que la totalité des graines plus légères avait germé alors que 8 seulement des graines plus pesantes avaient poussé leur radicule, et que sur les quatre premières germinations, trois appartenaient au second lot; il y a donc eu précocité marquée en faveur des graines les plus légères.

Expérience 7. — 14 graines de *Raphanus sativus* issues du même pied, divisées en deux lots d'après leur poids, ont germé dans l'ordre suivant, à la température moyenne de 16° C.

La première germination a eu lieu dans le premier lot (graines les plus lourdes); les deuxième, troisième, quatrième et cinquième dans le deuxième lot (graines les plus légères); les sixième, septième et huitième dans le premier; la neuvième dans le deuxième; les dixième et onzième dans le premier; les douzième et treizième dans le deuxième; la quatorzième dans le premier.

Bien que la première germination se soit produite parmi les semences les plus lourdes, cependant 4 sur les 5 premières graines germées appartenaient au deuxième lot, ce qui établirait encore un léger avantage pour les graines les moins pesantes.

Expérience 8. — 24 graines de *Sinapis alba* provenant du même pied et divisées, d'après leur poids, en deux lots de nombre égal, ont germé dans l'ordre suivant : les première et deuxième germinations ont eu lieu dans le premier lot (graines les plus pesantes); les troisième, quatrième et cinquième dans le deuxième lot (graines les plus légères); les sixième, septième dans le premier; les huitième, neuvième et dixième dans le deuxième; les onzième, douzième, treizième et quatorzième dans le premier; les quinzième, seizième, dix-septième et dix-huitième dans le deuxième; les vingtième et vingt-et-unième dans le premier; les vingt-deuxième et vingt-troisième dans le deuxième; la vingt-quatrième dans le premier. La température moyenne était de 16° C.

Les deux premières germinations se sont ici produites parmi les graines les plus lourdes, mais sur les 10 premières graines levées, 4 seulement appartenaient au premier lot et les 6 autres aux graines les moins pesantes. Mais, d'autre part, de la onzième à la vingtième germination, le premier lot a été favorisé, de telle sorte que le résultat de cette expérience me semble indécis.

Expérience 9. — Je place sur le même flotteur 34 fruits de *Carthamus tinctorius* provenant du même capitule et divisées en deux lots d'égal nombre : premier lot, 17 graines plus lourdes; deuxième lot, 17 graines plus légères. Température moyenne, 17 degrés.

Le lendemain, je constate 14 germinations dans le deuxième lot et 10 germinations dans le premier.

Le troisième jour, il y a 2 nouvelles germinations dans le deuxième lot et 3 dans le premier.

Le quatrième, 2 germinations dans le premier lot et 4 dans le deuxième.

Cette expérience est évidemment favorable à l'idée de la plus prompte germination des graines de moindre poids.

Expérience 10. — 38 graines de *Sinapis alba*, provenant d'un échantillon commercial, sont placées sur un flotteur et divisées en deux lots comme précédemment. Température moyenne 16 degrés.

Trente-huit heures après, il y a 7 germinations dans le premier lot et 16 germinations dans le deuxième lot : les radicules y sont d'ailleurs plus longues.

Au bout de cinquante-deux heures, 6 nouvelles germinations dans le premier lot et 2 dans le deuxième lot.

Le quatrième jour, 1 germination dans le premier lot, 0 dans le deuxième lot.

Le cinquième jour, 1 germination dans le premier lot, 0 dans le deuxième lot.

Enfin, le sixième jour, dernier, 1 germination dans le deuxième lot.

Ici encore les graines les plus légères ont eu la priorité d'une manière assez nette.

Expérience 11. — Le même jour et à la même heure, je disposai une autre expérience avec 50 graines de *Raphanus sativus* récoltées sur le même pied et séparées en deux lots d'après leur poids. Le quatrième jour après, 63 heures écoulées depuis le début de l'expérience, je constatai 11 germinations dans le premier lot et 12 dans le deuxième ; mais dans ce cas, comme dans le précédent, la longueur moyenne

les radicules était plus considérable pour les graines de
moind e poids que pour les autres.

Le même jour, soir, 4 germinations dans le premier lot et
5 germinations dans le deuxième.

Le cinquième jour, 3 germinations dans le premier lot et
4 germinations dans le deuxième lot.

Le sixième jour, 2 germinations pour le premier lot, néant
pour le deuxième lot.

Le septième jour, 1 germination pour le premier lot, néant
pour le deuxième lot.

Il restait à ce moment 4 graines de chaque lot; elles ont
té envahies par les moisissures et n'ont pas germé. La température moyenne fut de 16 degrés.

Dans cette expérience, la priorité de germination est évidente pour les graines du deuxième lot : 15 de ces dernières
ont en effet levé alors que 11 seulement du premier lot avaient
pu germer; de plus, la totalité des graines du second avaient
levé le 24 alors que la germination des trois dernières graines
du premier lot ne devait se faire que le 26.

Expérience 12. — 60 graines de *Sinapis alba* provenant du
même échantillon commercial sont divisées en deux lots égaux
choisis comme précédemment et placées dans un flotteur.

Le troisième jour, après 60 heures, il y a 5 germinations
dans le premier lot (graines les plus pesantes) et aucune dans
le deuxième lot (graines les plus légères).

Le quatrième jour, je compte 14 germinations dans le premier lot et 6 seulement dans le second.

Le cinquième jour, 5 graines ont levé dans la premier lot et
2 dans le deuxième.

Le sixième jour, 2 germinations dans le premier lot et 5 dans
le deuxième.

Le septième jour, 4 germinations dans le deuxième lot.

Le huitième jour, 1 germination dans chaque lot.

Le neuvième jour, 2 germinations dans le second lot.

Le onzième jour, 1 germination dans le premier lot et
7 germinations dans le deuxième.

Les autres graines, 2 pour le premier lot et 3 pour le second, n'ont pas germé.

La température moyenne pendant la durée de cette expérience avait été de 8 degrés environ.

Cette expérience diffère complètement des précédentes par ses résultats. Les graines du premier lot ont eu en effet un avantage très marqué sur celles du second lot. C'est ainsi qu'au cinquième jour de l'expérience 24 graines avaient levé parmi les plus pesants et 8 seulement dans le deuxième. La priorité obtenue par les graines du premier lot est donc évidente dans cette expérience.

Expérience 13. — 70 graines de *Sinapis alba* provenant du même échantillon que dans l'expérience précédente sont divisées en deux lots et placées dans un même flotteur.

La température moyenne pendant toute la durée des germinations a varié entre 7 et 9.

Le quatrième jour, 8 germinations se sont produites dans le premier lot (graines les plus pesantes), aucune dans le deuxième.

Le cinquième jour, il y a 14 germinations dans le premier lot et 8 dans le deuxième.

Le sixième jour, 7 germinations dans le premier lot et 7 dans le second.

Le septième jour, 3 germinations dans le premier lot et 9 dans le second.

Le huitième jour, 1 germination dans le premier lot et 11 dans le second.

Trois graines n'ont pas germé, 2 du premier lot et 1 du second ; elles avaient été envahies par les moisissures.

Cette expérience donne un résultat tout à fait identique à la précédente. Ici encore l'avantage obtenu par les graines de plus grand volume se manifeste de la manière la plus évidente.

Expérience 14. — Deux lots, chacun de 40 graines de *Sinapis alba*, de même provenance et placés dans le même flotteur, la température variant de 17 à 19° C.

A la fin du deuxième jour, 2 germinations dans le premier lot (graines les plus lourdes).

Le troisième jour, 19 germinations dans le premier lot, 7 dans le deuxième.

Le quatrième jour, 8 germinations dans le premier lot, 4 dans le deuxième.

Le cinquième jour, 4 germinations dans le premier lot, 10 dans le deuxième.

Le sixième jour, 1 germination dans le premier lot, 9 dans le deuxième.

Les autres graines n'ont pas germé.

Le résultat de cette expérience est favorable à la priorité des graines de plus grand volume.

Expérience 15. — Deux lots, chacun de 40 graines de *Brassica napus*, sont disposés dans le même flotteur la, température variant de 18 à 22°.

Au bout de 30 heures....	8 germ. (1er lot).	6 (2e lot).
Le 2e jour..............	19 —	26 —
Le 3e jour.............	3 —	4 —
Le 4e jour.............	4 —	3 —
Le 5e jour.............	3 —	» —

Les autres graines n'ont pas germé.

Le résultat de cette expérience est douteux ou peut être légèrement en faveur du deuxième lot.

Je mentionnerai enfin les observations que j'ai faites sur ce point, à l'occasion de recherches entreprises dans un autre but, observations portant sur les semences de *Ricinus communis* et de *Phaseolus vulgaris* et *multiflorus*. Pour le Ricin, j'ai noté d'une manière constante le développement plus rapide des graines de moindre volume. Il en a été de même dans la grande majorité des cas pour les différentes variétés de *Phaseolus*.

J'ai cru devoir limiter le nombre de mes expériences à celles qui précèdent ; non que je considère le sujet comme épuisé, car c'est à peine si j'ai pu effleurer, dans cette étude, certains points encore obscurs relativement à la question si complexe de l'influence du volume des graines sur la marche plus ou moins hâtive de leur germination, mais il me suffisait, pour atteindre le but que je m'étais proposé, de constater expérimentalement l'existence des variations que les différences de volume des graines apportent dans la durée de leur période germinative, quel que soit le sens de ces différences.

En résumant les résultats de ces expériences, nous voyons d'abord que les graines de quelques Légumineuses et d'une Graminée, le Maïs, ne fournissent aucun élément à la solution du problème précédemment posé. Au contraire, les fruits d'une Composée, le *Carthamus tinctorius*, montrent d'une manière assez nette que la germination s'est effectuée un peu plus vite dans le deuxième lot, formé des graines les plus légères et les moins volumineuses.

Quant aux Crucifères, elles ont été de ma part l'objet d'expériences multiples (n°⁵ 6, 7, 8, 10, 11, 12, 13, 14, 15). Dans cinq cas l'expérimentation a porté sur les graines de *Sinapis alba*, dans deux cas sur celles de *Raphanus sativus*, enfin dans un autre cas sur le *Brassica napus*.

Les résultats des germinations de *Lepidium*, de *Raphanus*, de *Ricinus* et de *Phaseolus* sont favorables à l'idée d'un développement plus rapide chez les graines d'un moindre volume.

Quant aux germinations de *Sinapis alba* répétées quatre fois et sur un nombre assez considérable de graines, elles ont fourni des résultats contradictoires. Tandis que l'expérience 10 a suivi une marche analogue aux expériences effectuées sur le *Raphanus* et le *Lepidium*, c'est-à-dire favorable aux graines les plus petites, l'expérience 8 a donné un résultat indécis, et les expériences 12, 13 et 14 un résultat complètement opposé à celui des expériences précédentes, puisque les graines d'un plus grand volume y ont été avantagées d'une manière évidente.

Vivement frappé de cette contradiction après l'expérience 12, j'ai recherché quelle influence pouvait avoir ainsi modifié le résultat de l'expérimentation. La seule différence que j'ai pu constater entre les expériences 10 et 12 est relative à la température à laquelle elles ont eu lieu. Tandis que la première expérience avait été effectuée par une température moyenne de 15 à 16°, la seconde n'a reçu qu'une moyenne thermique de 8° environ. Afin de déterminer si la chaleur ambiante était pour quelque chose dans le résultat constaté, je répétais l'expérience dans des conditions analogues de température et j'obtins cette fois encore un résultat tout à fait identique à celui de la précédente expérience.

J'ai donc été amené à penser que la différence de température était la cause de la contradiction observée. Voici l'explication que l'on peut donner de ce fait singulier. Plus une graine est volumineuse et sa réserve nutritive considérable, plus son activité respiratoire augmente, et par conséquent sa puissance de résistance au froid. Or, pour des graines en germination, la limite entre le froid et le chaud est établie par le degré favorable. Au-dessous de ce point, et probablement d'une manière graduelle, l'embryon végétal s'engourdit de plus en plus, à moins que certaines particularités anatomiques ou physiologiques ne le protègent contre cette action des agents extérieurs. Il y a donc lieu de penser que, dans les graines volumineuses d'une surface proportionnellement moindre, l'embryon, muni d'une plus grande quantité d'aliments comparativement aux embryons contenus dans des semences de moindre volume, mieux protégé d'ailleurs contre les causes de déperdition thermique par l'épaisseur plus grande des tissus qui entourent l'axe lui-même, se trouve dans des conditions meilleures de lutte contre l'abaissement de la température extérieure. Cette théorie permettrait peut-être d'expliquer les résultats obtenus dans les expériences 10, 12 et 13. En effet, dans l'expérience 10, la chaleur ambiante s'élevait à 15° en moyenne, et était très rapprochée du degré favorable ; tandis que dans les expériences 12 et 13 la température était tombée à 8 ou 9° en moyenne.

Malheureusement, la contre-expérience (exp. 14) faite avec des graines de *Sinapis alba* de même provenance, à la température de 17 à 19°, a donné un résultat identique à celui de l'expérience 13, malgré la grande différence de condition thermique dans les deux cas. L'explication fournie précédemment n'est donc pas applicable à tous les faits, et il est probable que d'autres éléments interviennent dans la production de ce phénomène.

Il y a encore une autre particularité sur laquelle il me paraît nécessaire de fixer l'attention. Dans certaines expériences où le résultat d'ensemble est cependant favorable à l'idée d'une germination plus hâtive dans les graines de moindre poids, nous voyons que la première germination s'est parfois produite dans le lot des graines les plus pesantes. D'ailleurs, dans les conditions les plus favorables de température, la germination des graines les plus petites ne se produit pas uniformément avant la germination des graines les plus volumineuses : c'est ce que nous avons toujours observé. La loi de priorité de germination en faveur des graines plus légères n'est donc point générale et comporte bien des exceptions.

Comment expliquer ces anomalies? En dehors des variations de volume et de poids, existe-t-il, pour les graines de même espèce et de même âge, des propriétés héréditaires ou innées, de nature à retentir sur la marche du processus germinatif, sans que ces propriétés se manifestent au dehors pour quelque caractère appréciable dans la semence elle-même? Comment expliquer, par exemple, les faits cités précédemment, dans lesquels les graines plus pesantes et plus volumineuses ont germé avant d'autres de même espèce, moins pesantes, moins volumineuses, contrairement à la tendance générale signalée par la plupart des auteurs?

Bien que nous pensions, avec M. A. de Candolle, (1) qu'il ne faut point se hâter de supposer qu'il peut y avoir dans les graines une vitalité différente, ne se traduisant au dehors par aucun signe physique, cependant nous reconnaissons que certains faits échappent à nos explications. Si l'on admet en effet que des graines recueillies sur la même plante peuvent produire des individus qui ne sont pas tous rigoureusement semblables, ce qu'on observe fréquemment, pourquoi s'étonner que cette

(1) Op. cit., p. 243. Bibl. univ. de Genève. 1865.

A. Pouchet.

dissemblance se manifeste, dès la première phase de la végétation, dans la semence elle-même? Peut-être serait-il possible
de trouver la cause de ces variations dans la constitution intime
de la graine, sans faire intervenir l'influence d'une action mystérieuse. Les rapports de volume de l'embryon et de la réserve
nutritive sont-ils toujours parfaitement égaux pour toutes les
graines de même espèce et de même provenance? C'est un
point sur lequel nous ne possédons aucune notion précise. Il
me paraît probable, cependant, que ce rapport doit varier dans
des limites assez étendues d'une graine à une autre, et c'est vraisemblablement dans les variations de ce rapport que l'on
trouvera la cause des anomalies de germination offertes par
certaines graines. Il est permis de supposer, en effet, que dans
les cas où le volume de l'embryon est plus considérable par
rapport à celui de la réserve nutritive, cette dernière est plus
rapidement épuisée et la sortie de la radicule doit s'opérer pré-
maturément pour permettre au jeune végétal de former et
d'utiliser le plus tôt possible son appareil chlorophyllien. Dans le
cas où le volume de l'embryon est moindre par rapport à celui
de cette même réserve, le contraire devra se produire : car le
jeune végétal, abstraction faite de l'obstacle mécanique plus
difficile à vaincre que l'épaisseur des tissus environnants oppo-
sera à la sortie de sa radicule, sera amplement muni de matériaux nutritifs : la nécessité de faire issue au dehors sera donc
pour lui moins urgente que dans le cas précédent. Ce n'est là,
toutefois, qu'une théorie à laquelle manque actuellement la
sanction de l'observation directe, mais dont des recherches
ultérieures permettront peut-être de vérifier l'exactitude.

Quoi qu'il en soit, d'ailleurs, des diverses circonstances inhérentes à la graine, s'il est possible de limiter les causes d'erreur qu'elles peuvent entraîner, assez complètement pour que
l'expérimentation n'en soit point altérée, ce sera en choisissant pour les expériences des semences issues du même pied,
du même fruit, si la chose est possible, d'un poids et d'un
volume très sensiblement égaux. Dans le cas où l'on n'aura à
sa disposition que des graines de même récolte, mais d'origine

différente, il faudra s'attacher à réaliser aussi complètement que possible les conditions d'identité de poids et de volume. Tels sont, à mon avis, les seuls moyens qui permettront d'obtenir, dans des recherches de ce genre, des résultats aussi comparables que possible, au moins en ce qui touche les graines elles-mêmes. Encore ne faut-il point perdre de vue ce fait important que, malgré l'examen le plus minutieux, il est impossible d'affirmer avec certitude qu'une graine germera. On comprend dès lors sans peine la part laissée à l'imprévu dans ces sortes d'expériences.

§ 2. — Causes d'erreur inhérentes au milieu.

Toutes ces causes peuvent se résumer dans les variations des trois conditions indispensables à la germination, c'est-à-dire de la chaleur, de l'humidité et de l'aération. L'ordre dans lequel j'énumère ces divers agents est aussi celui de la difficulté que l'on éprouve à limiter leur action ou du moins à la maintenir égale dans des expériences parallèles à la lumière et à l'obscurité. Il est, en effet, évident, que si nous pouvions donner, à des graines identiques par elles-mêmes, des conditions de chaleur, d'humidité et d'oxygénation complètement égales, l'influence de la lumière, étant seule variable, deviendrait facile à constater.

À ce point de vue, la chaleur est, sans contredit, l'agent physique dont il est le plus difficile d'identifier le degré dans les expériences que nous allons entreprendre. Cet écueil, aussi que nous l'avons déjà vu précédemment, est justement celui que n'ont pas su éviter les auteurs des expériences analysées dans la partie historique de ce travail.

Pour éliminer la cause d'erreur inhérente à la différence de température, deux méthodes peuvent être employées, l'une indirecte, l'autre directe.

La méthode indirecte consiste à disposer les graines, les unes, à l'obscurité; les autres, à la lumière diffuse; les autres enfin, à la lumière directe; à noter la température dans ces diverses conditions, plusieurs fois pendant la journée, de façon à établir une moyenne thermique pour les vingt-quatre heures et pour chaque lot de graines. Si cette moyenne se trouve identique pour les semences placées dans les trois conditions susmentionnées, le résultat sera atteint.

Nous avons employé ce procédé dans de nombreuses expériences préalables faites pendant le cours de l'été de l'année 1879. A cet effet, nous disposions les graines, divisées en trois lots, les unes, sur une fenêtre en dehors de l'appartement, les autres dans une chambre fermée, les autres enfin, dans un cabinet obscur communiquant avec cette chambre. Des observations thermométriques, fréquemment et soigneusement faites, nous ont montré que si la différence de température de la chambre et du cabinet était presque nulle, cette différence, était, au contraire, très marquée pour les graines placées au dehors. Si ces dernières recevaient vers midi une chaleur supérieure de 6 à 7 degrés à celle des autres lots, en revanche leur température s'abaissait considérablement pendant la nuit et jusqu'au lever du soleil. Les semences placées dans l'appartement, à la lumière diffuse ou à l'obscurité, ne subissaient, au contraire, que de faibles variations ; leur température était même à peu près constante, surtout pendant la nuit. Les calculs exécutés pour l'établissement des moyennes m'avaient montré, en effet, que la somme totale de chaleur reçue par ces divers lots de graines n'était, dans quelque cas, pas très différente, quoique jamais absolument égale : ce fait est déjà de nature à inspirer quelque défiance contre ce procédé, surtout quand on songe que les éléments du calcul dépendent de circonstances sur lesquelles nous ne pouvons rien, et que le hasard seul peut réaliser favorablement.

Mais en dehors de cet inconvénient, déjà très sérieux, un autre est encore inhérent à ce mode d'expérimentation. Quand les expériences, en effet, sont exécutées pendant l'été et dans un climat chaud, le thermomètre, placé au soleil, atteint et dépasse facilement 30° centigrades. Or les recherches de M. A de Candolle nous apprennent que la température favorable pour la germination de la plupart des graines de nos climats se rencontre entre 15 et 25° centigrades. Par conséquent, toutes les fois que le degré favorable est dépassé d'une certaine quantité, il en résulte forcément une influence nocive sur le développement des graines exposées à l'action directe des rayons solaires, et par conséquent une perturbation dans la marche de l'expérience. Il n'est d'ailleurs nullement démontré, ainsi que le fait remarquer M. A. de Candolle (1), qu'une température moyenne agisse comme une température constante semblable. La théorie du degré favorable pour la germination de chaque espèce de graine me paraît même être en contradiction absolue avec cette assertion.

Supposons, en effet, que le point favorable soit, pour une espèce donnée, à 20°, et que l'on maintienne un lot de ces graines à cette température dans l'obscurité; qu'un deuxième lot soit placé en plein soleil et exposé à des variations maxima et minima de 25 à 15°. Il est évident que ces graines seront retardées dans leur développement par rapport au premier lot, puisqu'elles recevront, pendant la plus grande partie du jour et de la nuit, une chaleur différente du degré favorable, et ne seront exposées que pendant un temps relativement faible à cette même température favorable. Les graines du premier lot devront donc germer plus rapidement que celle du second.

Toutes les raisons que je viens de développer m'ont déterminé à sacrifier complètement les nombreuses expériences faites à l'aide de ce procédé, et à recourir exclusivement à la méthode directe, qui offre seule des garanties de précision.

Cette méthode consiste à disposer les expériences de telle façon que la température ambiante reste, à chaque moment et pendant toute la durée des germinations, complètement égale pour chacun des lots placés à l'obscurité, à la lumière diffuse et à la lumière directe. Certains physiologistes, ainsi que nous l'avons vu, avaient même aggravé l'erreur qui, normalement et pour ces trois conditions, est inhérente à la diffé-

(1) *Op. cit.*, p. 278.

rence de température, par certaines dispositions fâcheuses, telles que l'emploi de verres recouverts de noir de fumée ou de toute autre substance de même couleur et douée aussi d'un grand pouvoir absorbant.

En ce qui a trait aux difficultés d'application de cette méthode, il y a lieu de distinguer les expériences faites à la lumière diffuse et celles qui sont pratiquées à la lumière directe. Il est, en effet, assez facile d'assurer une égalité complète de température aux semences exposées d'une part à l'obscurité, d'autre part à la lumière diffuse : il suffit le plus souvent, pour atteindre ce but, que le récipient où germent les graines placées à l'obscurité soit maintenu dans la même enceinte que les graines placées à la lumière diffuse, aussi près que possible de ces dernières, et que les parois de ce récipient n'aient, par conséquent, qu'un faible pouvoir absorbant. Il faut aussi que la capacité de ce récipient soit suffisante pour que la chaleur dégagée pendant le phénomène de la germination ne puisse y produire une élévation de température suffisante pour activer la germination des graines non encore levées. La disposition que j'ai adoptée répond, je crois, à ces divers *desiderata*, ainsi qu'on le verra bientôt dans le détail des expériences.

Il est malheureusement beaucoup plus difficile de réaliser cette identité de température extérieure pour les graines exposées à la lumière directe et à l'obscurité. J'ai constaté fréquemment que cette différence peut, dans les conditions ordinaires, varier de 5 à 12° C. On doit alors recourir à des artifices d'expérimentation, par exemple à l'emploi de milieux athermanes, susceptibles d'absorber la presque totalité de la radiation obscure inhérente aux rayons lumineux, en ne laissant filtrer que les radiations éclairantes. Des défectuosités d'installation matérielle m'ont empêché de poursuivre mes recherches dans ce sens.

J'avais songé à employer la lumière électrique pour assurer l'action continue de l'éclairement pendant toute la durée des expériences. J'ai dû renoncer à ce projet à cause des difficultés d'exécution qu'il présentait. La lumière électrique diffère d'ailleurs assez notablement, ainsi que l'a démontré Tyndall, de la lumière solaire : d'après les recherches de ce physicien, le rayonnement invisible du soleil serait à peu près double du rayonnement visible, tandis que le rayonnement invisible de la lumière électrique est près de huit fois aussi grand que le rayonnement visible (1). Il eût donc été imprudent de mêler ces deux influences dans une même expérience. Il serait cependant curieux de déterminer quelle est l'action de la lumière électrique employée seule et d'une manière continue, parallèlement à celle de la radiation solaire et de l'obscurité.

Pour établir l'équilibre thermique entre les graines soumises à l'action directe de la radiation solaire et celles placées à l'obscurité, on pourrait encore recourir à un autre moyen : ce serait d'observer minutieusement, et à des intervalles fixes, pendant le jour, la température à laquelle sont soumises les graines du premier lot, et de maintenir le deuxième lot dans une étuve dont on ferait varier le degré de chaleur conformément aux variations constatées au soleil par le thermomètre. Mais tous ceux qui ont quelque pratique du laboratoire savent qu'il est presque impossible de réaliser ces changements avec suffisamment de précision et de rapidité pour que les conditions de chaleur, dans les deux expériences, soient absolument comparables. Aussi n'ai-je pas cru devoir m'arrêter à l'emploi de ce moyen.

Dans les cas où la température atmosphérique est notablement inférieure au degré favorable, on peut cependant, à l'aide du chauffage, élever d'une certaine quantité la chaleur de l'enceinte, de façon à placer les graines dans des conditions meilleures pour une prompte germination.

Mais, en dehors de la chaleur, deux autres agents indispensables, l'humidité et l'aération, doivent encore intervenir pour que le processus germinatif puisse s'accomplir.

(1) *Calor e scienze*, trad. Moigno, 1867, p. 47.

Si l'eau est nécessaire à la germination, il n'en faut pas moins que son action soit maintenue dans de certaines limites. Ainsi que le dit avec raison M. Duchartre (1), « un excès de ce liquide empêche la germination, parce que, après avoir dissous les matières solubles de la semence et avoir délayé celles qui sont insolubles, de manière à faciliter leur réaction réciproque, si elle surabonde, elle s'écoule en entraînant une forte proportion des unes et des autres et en prive ainsi l'embryon auquel elles étaient nécessaires »

Ce danger d'une trop grande humidité n'est pas le seul : dans la plupart des cas où la submersion des graines est complète, les phénomènes respiratoires dont l'embryon est le siège pendant la germination sont enrayés, sinon complètement, du moins dans une certaine mesure, surtout quand la température ambiante est suffisamment élevée pour diminuer la quantité des gaz aériens dissous dans l'eau. Parfois les semences se putréfient, et c'est là, sans contredit, une des causes qui vicient le plus fréquemment les résultats des recherches chimiques entreprises sur la germination. Cependant un certain nombre de graines jouissent de la propriété singulière de germer et même de végéter dans l'eau ordinaire : telles sont les graines de *Dolichos*, déjà mentionnées, et celles de certains *Phaseolus*.

Il est donc nécessaire de tenir compte de ces causes d'erreur ; mais tout en évitant soigneusement de noyer les graines, on doit leur fournir cependant une quantité d'eau suffisante pour leur permettre d'y puiser à même, suivant leurs besoins. C'est ce que j'ai réalisé dans mes expériences. Quant à la précaution prise par certains physiologistes, et qui consiste à arroser les divers lots de graines avec une quantité d'eau égale pour chaque lot, elle n'a pas de raison d'être. Ce n'est, à mon avis, qu'une minutie qui complique inutilement l'expérimentation et qui peut même en dénaturer les résultats. Il est évident que les graines exposées à la lumière sont le siège

(1) *Éléments de botanique*, p. 804.

de phénomènes d'évaporation et de transpiration bien plus
actifs que les semences placées à l'obscurité. En leur donnant
une égale quantité d'eau, on s'expose donc à ce que les unes
restent à sec, tandis que les autres seront submergées.

À l'état de nature, les graines trouvent dans le sol l'humidité nécessaire à leur germination ; mais il est bien établi que
le sol ne joue pas alors d'autre rôle que celui d'un milieu plus
ou moins hygrométrique, plus ou moins bon conducteur de la
chaleur. On peut donc, dans les germinations artificielles, remplacer le sol par quelque corps perméable à l'eau, une couche
de coton ou de liège, par exemple, sur laquelle on dispose les
graines. Grâce à cet artifice, les semences trouvent constamment autour d'elles l'humidité qui leur est nécessaire.

On voit, d'après ce qui précède, que les conditions d'aération et d'humidité sont presque toujours liées par un rapport
inverse. Il faut donc, dans les expériences, établir entre elles
une juste pondération. La graine doit être, par une partie de
sa surface, en contact avec l'eau elle-même, tandis que l'autre
partie émerge et rend possible l'échange gazeux nécessaire à
la vie de l'embryon.

Il est une condition dont on n'a point tenu compte jusqu'à
ce jour parmi celles qui exercent une influence favorable sur
la germination, et que je ne dois point passer sous silence. Dans
de récentes expériences, M. Édouard Heckel a constaté (1) que
pour certaines graines, et en particulier pour celles de *Sinapis
nigra*, la germination peut s'obtenir très rapidement, à une
température très supérieure à celle du degré favorable, en
maintenant ces graines dans une atmosphère humide. C'est
ainsi que pour ce qui a trait au *Sinapis nigra*, spécialement
étudié par M. Heckel, et dont la température favorable est
de 17°,5 environ, la germination a pu être obtenue en 20 heures,
avec des graines semées sur une éponge placée dans un vase
contenant de l'eau distillée, le tout étant enfermé dans une
étuve graduée à 48° C., avec le régulateur de Schlœsing. Les

(1) *C. R. Acad. sciences*, juillet 1880. *De l'action des températures élevées
et humides sur la germination de quelques graines.*

mêmes graines, plongées dans l'eau qui baignait l'éponge, n'offraient, après ce laps de temps, pas le moindre signe de germination et ne levaient que longtemps après celles qui étaient maintenues à la température favorable. Le degré favorable ne serait donc pas un point rigoureusement fixé, ou varierait du moins avec l'état hygrométrique du milieu aérien.

Les faits que je viens de mentionner me semblent devoir être interprétés comme un exemple de la bonne influence exercée sur la germination, par la vapeur d'eau, dans un milieu saturé. Dans la longue série d'expériences relatées dans ce travail, j'avais été frappé de la rapidité plus grande de germination que présentaient certaines graines, et celles de Ricin en particulier, dans des appareils hermétiquement clos, dont l'air était saturé de vapeur d'eau, comparativement aux mêmes graines germant librement à l'air dans les mêmes conditions de température. Les expériences de M. Ed. Heckel nous donnent l'explication de ce fait singulier, et permettent de supposer que l'état hygrométrique de l'air n'est lui-même pas sans influence sur le phénomène germinatif.

Il est possible, par un artifice expérimental, d'abréger la durée de la germination d'une manière notable, surtout quand il s'agit de semences desséchées ou qui lèvent très difficilement. Pour cela, on plonge les graines pendant quelques heures dans un flacon rempli d'eau distillée privée d'air par une ébullition prolongée, et parfaitement bouché (1). Il est évident que, dans ces conditions, la germination ne peut se produire, la respiration de l'embryon étant rendue impossible par l'élimination de l'oxygène dissous dans l'eau qui l'entoure. Mais les semences

(1) Il est bien évident que dans ces conditions il faut soigneusement éviter de maintenir les graines immergées pendant un temps qui serait suffisant à déterminer la dissolution des matériaux destinés à nourrir l'embryon, et les expériences de MM. van Tieghem et G. Bonnier (*Recherches sur la vie ralentie et sur la vie latente*; *Bull. Soc. bot. de France*, t. XXVII, p. 117 et suiv.) montrent que ces phénomènes exosmotiques se produisent assez rapidement. Il y a là une question de temps à résoudre pour chaque graine; la pratique seule peut en fournir la solution.

subissent une imbibition presque mécanique et gonflent bientôt. On a ainsi triomphé d'un des obstacles les plus importants à une prompte germination, et dès que la graine est placée dans des conditions favorables, la durée de son évolution germinative se trouve abrégée de tout le temps qu'aurait nécessité la pénétration de l'eau, parfois très lente dans les circonstances ordinaires.

Tel est l'ensemble des conditions diverses, intrinsèques ou extrinsèques, susceptibles de retentir sur la germination et de vicier les résultats de l'expérimentation physiologique. Je crois utile de faire suivre cet exposé de l'étude brève de deux questions préliminaires assez délicates, qui se posent dès le début de ces recherches et doivent être résolues tout d'abord.

Comment fixer le moment de la germination? Telle est la première de ces questions. Elle est évidemment d'une détermination un peu arbitraire, et nous en trouvons la preuve dans les opinions diverses émises à ce sujet par les auteurs.

M. Duchartre (1), considérant la germination des graines comme « la période pendant laquelle leur embryon, sortant de l'état d'engourdissement et de torpeur auquel la maturation l'avait amené, se fait jour à travers ses enveloppes et s'accroît en une jeune plante », fait observer avec raison « que ce nom désigne, non un phénomène rapide, mais une période entière, intermédiaire entre la vie embryonnaire et la vie végétative de la plante ». « En théorie, dit-il, le commencement en est marqué par l'instant où l'embryon donne le premier signe de réveil et augmente de dimension; mais, dans la pratique, ce réveil est difficile à reconnaître. » L'embryon, en effet, se développe dans la graine avant d'apparaître au dehors, l'allongement de la radicule se fait plus ou moins vite selon les graines, enfin la jeune plante se montre différemment, selon l'espèce. Voilà autant de données variables qui rendent incertaine la fixation du moment de la germination.

M. A. P. de Candolle (2) regardait la germination comme ter-

(1) *Op. cit.*, 2ᵉ éd., 1877, p. 800 et 801.
(2) *Op. cit.*, t. II, p. 627.

minée dès que les feuilles primordiales étaient assez développées pour nourrir la jeune plante. Mais cette phase appartient
déjà en partie à la période végétative.

Plus tard, Fr. Burckhardt (1) admit que la germination
coïncidait avec le moment où s'étalent les cotylédons. Ainsi
que le dit M. A. de Candolle (2), c'est encore là une époque de
végétation qui « peut être bonne à considérer quand on compare la même espèce sous différentes conditions, mais diffère
beaucoup d'une espèce à l'autre, certaines plantules demeu-
rant longtemps recourbées sous terre ou avec leurs cotylédons
emprisonnés dans les restes du spermoderme ».

En ce qui concerne la détermination du moment où finit la
germination, je ne puis, en définitive, mieux faire que de citer
les paroles judicieuses écrites par M. Duchartre (3) à ce sujet :

« La fin de la germination, dit-il, ne peut guère être constatée par l'observation directe, bien qu'on puisse en concevoir
le terme théorique. Elle arrive, en effet, lorsque l'embryon,
devenant une plante, a consommé pour son propre usage la
provision de matières nutritives qu'il trouvait dans la graine,
soit autour de lui, sous la forme d'albumen, soit en lui-même,
et alors emmagasinée dans le corps cotylédonnaire. A ce moment, si la jeune plante ne peut emprunter aux milieux am-
biants les éléments de sa nutrition, elle périt; mais dans les
circonstances ordinaires, elle commence, même un peu avant
cet instant, à puiser autour d'elle son aliment et à en opérer,
dans l'épaisseur de ses tissus, une assimilation qui le modifie
et le lui incorpore; elle est donc ainsi entrée dans sa période
végétative même avant que sa période germinative soit entièrement terminée, et, dès lors il est impossible de marquer un
intervalle entre les deux. Cette considération explique pourquoi les physiologistes ont été aussi peu unanimes pour fixer la
fin de la période germinative, qu'ils l'avaient été pour en déter-

(1) *Sur la détermination du zero de végétation* (*Verhandl. d. Naturforsch.
Gesellsch. Basel*, 1858, VIII).
(2) *Op. cit.*, t. XIV, 1865, p. 246.
(3) *Op. cit.*, p. 801.

miner le commencement. Toutefois, en s'écartant des conditions ordinaires, on peut mettre en évidence la fin de la période
germinative, pourvu qu'on empêche la jeune plante d'entrer
dans sa période purement végétative. C'est ce qui a lieu pour
les graines qu'on fait germer dans l'eau distillée ou dans un
lieu obscur. Les plantules qui en proviennent ne peuvent commencer à végéter par elles-mêmes, et dès lors elles périssent
après avoir épuisé les matières nutritives qu'elles trouvaient
dans la graine ; en d'autres termes, elles ne dépassent pas la
fin de la période germinative. »

Au point de vue expérimental et essentiellement pratique qui
doit seul me préoccuper dans ce travail, il faut donc chercher
la caractéristique de la germination dans un phénomène aussi
général et aussi facile à constater que possible. M. A. de Candolle (1), par exemple, a regardé comme le moment de la
germination celui où, le spermoderme étant brisé, la radicule
commence à sortir.

A l'exemple du physiologiste genevois, j'ai, dans mes
recherches, considéré l'apparition de la radicule comme l'indice de la germination. Dans quelques cas particuliers, j'ai
prolongé les expériences au delà de ce moment et fait intervenir la longueur de la radicule comme moyen d'apprécier
comparativement des influences diverses. C'est ainsi que deux
lots de graines, germant parallèlement à la lumière et à l'obscurité, l'allongement plus considérable de la radicule dans les
semences du premier lot peut être regardé comme un indice
de la bonne influence de la lumière sur la germination, puisqu'il est connu qu'à l'obscurité les radicules ont une tendance
à s'allonger d'une manière anormale.

La seconde question qui nous reste à examiner est relative
à la mesure de la lumière que reçoivent les graines pendant
leur germination. Cette énergie étant sujette à des variations
très grandes, on comprend facilement quelle utilité il y a, pour
les expériences de la nature de celles qui nous occupent, à

(1) Op. cit., t. XXIV, p. 276.

mesurer chaque jour l'intensité des rayons solaires qui parviennent jusqu'à nous. Les méthodes actinométriques employées par les physiciens ont pour objet principal de mesurer la quantité absolue des rayons qui nous arrivent directement du soleil, à l'aide d'appareils qui sont de véritables calorimètres ; mais on néglige ainsi l'illumination du ciel et les rayons diffusés par les nuages ou les objets terrestres. Ces méthodes sont d'ailleurs inapplicables pendant les temps couverts. Au point de vue de la physiologie botanique, il faut « s'efforcer, au contraire, de mesurer la somme de rayons que le ciel nous livre par tous les temps, même pendant les pluies, parce que la végétation utilise tous ceux qu'elle reçoit » (1). Les instruments et les méthodes sont dans ce cas absolument différents. C'est ainsi que l'actinomètre de M. Marié-Davy peut être seul utilisé pour les recherches physiologiques, tandis que celui de M. Violle doit être rigoureusement proscrit.

L'absence de notations actinométriques à l'observatoire de Marseille m'a empêché d'introduire dans mon travail des mesures précises de l'intensité lumineuse. J'ai dû me contenter de noter l'état de l'atmosphère, et presque toutes mes expériences, je dois le dire, ont été favorisées par un ciel aussi pur que possible. A ce point de vue, le climat du Midi m'a fourni des conditions qu'il eût été impossible de réaliser dans des régions plus rapprochées du Nord.

§ 3. — Disposition des expériences.

Les détails circonstanciés dans lesquels je suis entré à propos des causes d'erreur abrègent beaucoup la description des procédés expérimentaux auxquels j'ai eu recours.

Les graines employées dans les recherches qui vont suivre étaient des graines nues ou des fruits monospermes, de grosseur moyenne ou au-dessous de la moyenne, notées la plupart pour leur facile germination ; les unes exotiques, par conséquent intéressantes à étudier à cause de l'ignorance où nous sommes

(1) *An. de l'obs. de Montsouris*, p. 26, 1880. Marié-Davy.

pour ce qui concerne leur germination ; les autres, au contraire, indigènes, bien connues, et dont le degré favorable était déterminé au moins d'une manière approximative, fait important pour l'interprétation des résultats. Ces graines, les unes albuminées, les autres sans albumen, appartiennent à quelques familles les plus répandues et les plus importantes.

Les expériences relatées ici ont porté sur cinq Crucifères, *Brassica napus, Iberis amara, Lepidium sativum, Sinapis alba, Raphanus sativus ;* deux Renonculacées, *Delphinium consolida, Nigella sativa ;* une Cucurbitacée, *Cucurbita melo,* var. melon vert ; une Papaveracée, *Papaver somniferum ;* une Euphorbiacée, *Ricinus communis ;* une Graminée, *Zea mais ;* deux Légumineuses, *Arachis hypogæa, Dolichos lablab ;* une Rubiacée, *Coffea arabica,* var. Rio ; trois Composées, *Spilanthes fusca, Helianthus annuus, Carthamus tinctorius ;* une Malvacée, *Hibiscus esculentus ;* une Polygonée, *Fagopyrum esculentum ;* une Linée, *Linum usitatissimum ;* une Sésamée, *Sesamum orientale ;* enfin une Liliacée, *Pancratium maritimum.* J'ai sacrifié un grand nombre d'autres expériences faites avec des graines de germination difficile ou trop irrégulière.

La plupart de ces graines ont été récoltées avec grand soin au jardin botanique de l'École de médecine, dans des conditions aussi identiques que possible, toujours sur le même pied, parfois dans le même fruit. Cette particularité sera d'ailleurs mentionnée pour chaque expérience. Dans le cas où un seul fruit ne pouvait fournir le nombre de graines nécessaire à une expérience, on choisissait de préférence les semences des fruits les mieux développés. Quant aux graines d'origine commerciale, toutes celles dont j'ai fait usage appartenaient au même échantillon. Enfin ces divers lots, dont je constatais préalablement la bonne qualité à l'aide des moyens usuels, et dont j'éliminais soigneusement toutes les semences atteintes de quelque altération apparente, étaient conservées dans un endroit sec, dont la température variait peu.

Pour des expériences parallèles, les graines étaient d'abord comptées et pesées de telle sorte qu'il y eût toujours de chaque côté un même nombre de graines vérifiées une à une et représentant un poids total à peu près identique. Pour les semences de petit volume et de forme arrondie, comme celles de quelques Crucifères, le triage pouvait être fait à l'aide de deux tamis à mailles, de dimensions peu différentes. On soumettait d'abord l'échantillon à l'action du tamis à mailles plus larges; on recueillait les graines qui le traversaient et on les passait au tamis à mailles plus étroites, ne conservant pour l'expérience que les semences trop volumineuses pour traverser le deuxième tamis : de cette façon, on séparait des semences de volume et de poids presque identiques, ainsi que je m'en suis assuré. Enfin, pour atténuer autant que possible les causes d'erreur inhérentes aux graines elles-mêmes, j'ai toujours employé pour chaque expérience un nombre assez grand de semences.

Les pesées étaient effectuées avec une balance de laboratoire, sensible au milligramme, toutes les fois qu'il s'agissait de graines d'un petit volume ; avec une balance ordinaire pour les autres cas.

Les températures étaient notées à l'aide d'une série de thermomètres très exacts, comparables entre eux et gradués, deux de 0 à 17° ; les autres de 15 à 36° ; les maxima et les minima étaient donnés par des thermomètres spéciaux. Les observations thermométriques étaient faites, en général, trois fois par jour : le matin de 7 à 8 heures, dans le milieu de la journée, entre midi et 2 heures, enfin le soir entre 7 et 8 heures. Dans les quelques cas où ces trois observations n'avaient pu être faites, les thermomètres à maxima et à minima fournissaient les deux températures extrêmes de la journée.

Des lots de graines de même nombre et de même poids étant préparés, on les place sur des flotteurs en liège que je dois brièvement décrire à cause des services qu'ils m'ont rendus.

Ces petits appareils sont faciles à préparer : on prend pour cela une rondelle de liège de 8 à 10 centimètres de largeur et de 1 à 2 centimètres d'épaisseur; on la creuse régulièrement, de manière à ne laisser sur les bords qu'une paroi de 3 à 4 millimètres; le creusement est continué jusqu'à ce que le

plancher de la cavité ainsi formée ne présente plus qu'une
épaisseur de 2 à 3 millimètres. Ce flotteur est donc très facilement perméable à l'eau, ce qui entretient un état constant
d'humidité autour des graines qu'il supporte. Mais le poids des
semences variant dans des limites très étendues, suivant les
espèces, les flotteurs doivent être disposés de telle façon que
les graines qu'ils portent ne soient exposées ni à la submersion ni à la dessiccation. On obvie facilement à ce double
danger en lestant le flotteur dans le cas où le poids des graines
est insuffisant pour le faire plonger jusqu'au degré convenable.
Le choix de la substance employée dans ce but n'est pas
indifférent ; il faut qu'elle ne soit point attaquée par l'eau ;
aussi les débris de verre m'ont-ils paru les plus propres à cet
usage. Si, au contraire, le poids des graines fait plonger le
flotteur de telle façon qu'il en résulte une véritable submersion,
on remédie à cette défectuosité en plaçant sous les petits appareils une ou plusieurs lamelles de liège, de manière à relever
leur ligne de flottaison autant que cela est utile.

Grâce à l'emploi de ces flotteurs, les deux conditions d'aération et d'humidité sont toujours réalisées aussi favorablement
et aussi complètement que possible. Dans certains cas, on peut
encore y aider en couvrant le fond du flotteur avec une couche
d'ouate ou de papier brouillard quand il s'agit de graines
très petites.

Ces appareils contenant les graines en expérience sont aban-
donnés sur des récipients remplis d'eau que l'on expose à la
lumière ou à l'obscurité. Pour réaliser cette dernière condition, j'ai fait usage d'une caisse en bois blanc parfaitement
ajustée et tapissée extérieurement de calicot blanc et au-dessus
d'une double couche de papier de même couleur, disposition
ayant pour but d'atténuer le pouvoir absorbant de ces diverses
parties. Cette boîte, représentant à peu près un cube de 80 centimètres de côté, avait des dimensions suffisantes pour que la
chaleur produite par la germination des graines qui y étaient
contenues ne pût en élever la température d'une manière sensible au-dessus de celle du milieu ambiant.

Les graines levées étaient comptées chaque jour et retirées du flotteur dès l'apparition de la radicule.

Les expériences relatées ci-après ont été faites à la lumière diffuse, au fond d'une chambre vaste et bien éclairée mais disposées de telle façon qu'elles ne recevaient jamais l'action directe du soleil : la caisse contenant les graines placées à l'obscurité et les lots exposés à la lumière se trouvaient donc dans des conditions identiques de température; la variation thermométrique entre le maximum et le minimum, pour les 24 heures, ne dépassait guère 3 ou 4°; si la caisse se mettait un peu plus lentement en équilibre de température avec le reste de l'appartement, il n'y avait pas là une cause d'erreur sensible, puisque cette lenteur existait aussi bien pour les élévations que pour les abaissements du thermomètre.

J'ai tenté cependant de résoudre la question en litige pour des lots exposés simultanément à la lumière directe, à la lumière diffuse et à l'obscurité; mais il y avait toujours un écart très grand de température entre les semences recevant directement la radiation solaire et celles qu'elle ne frappait que d'une manière diffuse. Cette cause d'erreur me paraît avoir une influence trop marquée sur la germination pour que j'aie attaché une sérieuse importance à des expériences faites dans ces conditions. Un fait cependant m'avait frappé dans presque tous les cas, c'est que les lots de graines (cresson alénois, melon vert, moutarde blanche) exposés en plein soleil ne germaient que très difficilement ou pas du tout, tandis que les lots placés à la lumière diffuse ou à l'obscurité avaient une avance marquée et germaient en grand nombre. Il est vrai que le degré favorable était toujours dépassé dans le premier cas. Cependant, si nous nous reportons aux expériences déjà mentionnées de M. Heckel sur la possibilité de faire germer à des températures très élevées, et avec une rapidité plus grande encore que dans les conditions ordinaires, des semences de même nature, il est permis de se demander si la chaleur était la seule cause de ce retard ou de cet arrêt de la germination. Bien que l'installation nécessaire pour étudier cette question dans des conditions expérimentales, absolument hors de discussion m'ait fait défaut, je serais porté à admettre, avec M. Pringsheim, que l'action trop vive de la lumière directe est de nature à exercer une influence fâcheuse sur le protoplasme que renferme l'embryon végétal. On a préétendu en effet que, au delà d'une certaine intensité, plus faible que celle pour laquelle la chlorophylle se détruit, le protoplasme pouvait être tué par la lumière, par suite d'une combustion respiratoire trop rapide. Les recherches contenues dans le chapitre suivant nous permettront peut-être de vérifier l'exactitude de cette opinion.

Ces expériences ont été répétées un grand nombre de fois sur les graines de même espèce, à diverses époques de l'année 1879, et par conséquent dans des conditions de température très différentes. Leur marche a été minutieusement observée dans 90 cas. Afin que l'on puisse embrasser d'un coup d'œil l'ensemble de ces expériences, et pour éviter les longueurs qu'entraînerait la relation détaillée d'un nombre de faits aussi considérable, je résumerai ces expériences dans le tableau qui suit, en supprimant les cas où la germination ne s'est pas produite faute de chaleur. Je noterai les températures maxima et minima constatées dans le cours de chaque expérience ; enfin, les mots obscurité ou lumière, placés dans la colonne des résultats, indiqueront l'avantage obtenu par l'une ou l'autre de ces conditions.

§ 4. — Conclusions.

En faisant abstraction des résultats douteux ou nuls, nous constatons que :

1° Dans 22 expériences, la priorité de germination s'est produite à la lumière ; dans 26 expériences, à l'obscurité ;

2° Cinq fois il y a eu un double résultat favorable à la lumière, pour la même espèce (*Arachis, Zea mais, Dolichos, Sinapis, Linum*) ; huit fois ce double résultat s'est manifesté pour les lots placés à l'obscurité (*Helianthus, Delphinium,*

Pancratium, Fagopyrum, Linum, Raphanus, Ricinus, Paparer) ; une fois, il y a eu double résultat pour les deux conditions de lumière et d'obscurité (*Linum*).

ESPÈCES.	NUMÉROS DE L'EXPÉRIENCE.	TEMPÉRATURES.		RÉSULTAT.
Cucumis melo............	1	23°,5	26°,4	Douteux.
	2	24°,2	28°,5	Douteux.
	3	19°	23°	Lumière.
Arachis hypogœa..........	6	25°,8	28°,5	Lumière.
	7	26°,5	30°,5	Obscurité.
	8	14°,5	18°	Lumière.
	9	15°,4	19°,6	Douteux.
Zea mais................	11	25°,8	28°,5	Lumière.
	12	26°	30°,5	Obscurité.
	13	12°	15°,4	Lumière.
Coffea arabica (1).	15	25°,5	29°,5	Douteux.
	16	25°	29°	Douteux.
	17	21°	24°,5	Douteux.
Helianthus annuus.........	19	23°	27°	Obscurité.
	20	18°	22°,5	Obscurité.
	21	15°,5	21°,5	Lumière.
Hibiscus esculentus........	23	25°,8	29°,5	Lumière.
	24	21°,4	25°,5	Douteux.
	25	16°,5	19°	Obscurité.
Dolichos lablab............	27	25°,4	29°,5	Obscurité.
	28	21°	24°,5	Douteux.
	29	8°,6	11°,5	Lumière.
	30	15°,5	19°,6	Lumière.
Spilanthes fusca (2)........	31	24°,4	28°,5	Lumière.
	32	18°	23°,8	Douteux.
Delphinium consolida (3)....	35	17°	20°,5	Obscurité.
	36	18°	22°,5	Obscurité.

(1) Dans ces trois expériences, la germination a été incomplète; elle s'arrêtait après l'apparition d'une radicule de 5 à 7 millimètres, et bientôt les
graines se décomposaient.

(2) J'ai constamment obtenu la presque unanimité de germination dans cinq à
six jours ; ce qui est en complet désaccord avec les expériences de Ramon de
Sagra, faites à la Havane, par une température à peu près identique.

(3) Ch. Darwin dit que ces graines germent mal à la lumière ; mes expé-

ESPÈCES.	NUMÉROS DE L'EXPÉRIENCE.	TEMPÉRATURES		RÉSULTAT.
Pancratium maritimum (1...	37	18,5	23,5	Obscurité.
	38	17°	19°,5	Obscurité.
Fagopyrum esculentum.....	40	17	19,1	Obscurité.
	41	18,4	25,6	Obscurité.
	43	13,5	16°	Lumière.
Brassica napus	44	17	21,5	Douteux.
	45	20,5	23°	Douteux.
	46	23,5	26,5	Obscurité.
	47	11	13,5	Lumière.
Lepidium sativum	48	17°	21,5	Douteux.
	49	19°	22,4	Obscurité.
	51	7,5	9°,7	Douteux.
Sinapis alba...............	52	12°	11,5	Douteux.
	53	16°,5	18	Douteux.
	54	19°	22°,5	Douteux.
	55	24,5	27,5	Obscurité.
	56	7,5	9,5	Lumière.
	57	6°,2	7,5	Lumière.
Iberis amara	58	7,2	9°,5	Lumière.
	59	11,5	14°	Douteux.
	60	18°,5	22'	Obscurité.
Linum usitatissimum.......	61	6°,2	7,5	Obscurité.
	62	7°,5	9°,8	Lumière.
	63	11°	14,5	Lumière.
	64	15°,8	18°	Douteux.
	65	19°	22,5	Douteux.
	66	24,5	28°,5	Obscurité.

riences indiquent, en effet, une légère priorité en faveur des semences placées à l'obscurité, mais bien moindre que ne l'affirme le naturaliste anglais. La différence de température n'est peut-être pas étrangère à cette différence dans les résultats.

(1) On sait que ces graines sont munies d'un appareil de flottaison qui leur permet de se maintenir sur l'eau et d'y germer. Il était curieux de savoir si la graine tombe au fond de l'eau dès que la germination est terminée. Les faits que j'ai observés à ce sujet sont contradictoires. Tantôt la graine tombait au fond de l'eau après l'apparition de la radicule, tantôt elle continuait de surnager. Dans ce dernier cas, il suffisait de la comprimer légèrement pour que l'air contenu dans son périsperme fût expulsé et qu'elle gagnât le fond; il y a donc tout lieu de supposer que ces différences sont liées à la pénétration ou à la non-pénétration de l'eau dans l'appareil flotteur aérien, phénomène qui est lui-même sous la dépendance du degré de compression exercé sur la radicule par

ESPÈCES.	NUMÉROS DE L'EXPÉRIENCE.	TEMPÉRATURES.		RÉSULTAT.
Nigella sativa.............	67	7°,4	10°,5	Douteux.
	68	15°,5	19°,4	Obscurité.
	69	19°,6	22°	Douteux.
Sesamum orientale........	71	11°	14°,5	Douteux.
	72	15°,5	18°	Lumière.
	73	19°	22°,5	Obscurité.
	74	23°,5	26°,5	Lumière.
	75	26°	30°,5	Douteux.
Carthamus tinctorius......	77	19°,5	24°	Douteux.
	78	9°	11°,5	Douteux.
	79	12°,5	15°,5	Lumière.
Raphanus sativus........	80	9°	11°,5	Obscurité.
	81	12°,5	15°,5	Lumière.
	82	18°,5	22°	Obscurité.
	83	22°,5	26°	Douteux.
Ricinus communis........	84	17°	19°,5	Obscurité.
	85	22°	25°,5	Lumière.
	86	24°,5	28°,6	Obscurité.
Papaver somniferum.......	88	17°	19°,5	Obscurité.
	89	18°	22°,5	Obscurité.
	90	22°	25°,5	Lumière.

3° Parmi les 22 espèces employées, la même espèce a donné quatorze fois des résultats mixtes favorables tantôt à la lumière, tantôt à l'obscurité (*Arachis*, *Zea maïs*, *Helianthus*, *Hibiscus*, *Dolichos*, *Fagopyrum*, *Brassica*, *Sinapis*, *Iberis*, *Linum*, *Sesamum*, *Raphanus*, *Ricinus*, *Papaver*).

4° Sur les 8 autres espèces, 1 n'a donné que des résultats négatifs (*Coffea*) ; 3 ont fourni un résultat favorable à la lumière (*Cucurbita*, *Spilanthes*, *Carthamus*) ; 4 un résultat favorable à l'obscurité (*Delphinium*, *Pancratium*, *Lepidium*, *Nigella*).

Il me paraît impossible de tirer de ces faits une conclusion

les parties extérieures de la semence. Je dois ajouter que, dans certains cas, les graines s'imbibaient rapidement, tombaient au fond du récipient, et germaient cependant, mais en moins grand nombre que dans les cas où elles s'étaient maintenues à flot pendant un certain temps.

quelconque. Doit-on s'en étonner? Le problème est certainement plus complexe qu'il ne paraît au premier abord. Il y a
tout lieu de supposer, par exemple, que l'influence de la lumière n'est point identique suivant les conditions de température qui interviennent dans l'expérience. Mais, ici encore,
nous nous trouvons en présence de l'inconnu : car, pour tirer
de ces recherches les conséquences qui pourraient en découler,
il serait nécessaire de connaître d'une manière précise le degré
thermique favorable pour la germination des semences de
chaque espèce. C'est, malheureusement, une lacune très importante qui reste encore à combler; car les quelques travaux
faits dans cette voie nous fournissent à peine quelques mesures
approximatives limitées à un très petit nombre de semences.
Cependant, en nous appuyant sur des faits d'un autre ordre
mentionnés dans la suite de ce travail, il nous semble permis
de supposer que l'influence de la lumière ne peut être utile à
la germination qu'autant qu'elle intervient pour des températures inférieures au degré favorable. Un assez grand nombre
des observations précédemment citées nos 3, 6, 7, 11, 13, 29,
30, 43, 47, 56, 57, 58, 79) sembleraient même en rapport
avec cette manière de voir. Malheureusement, les contradic-
tions que nous constatons dans nos résultats ne nous permettent pas actuellement d'étayer cette opinion sur une base solide.

   Un autre motif m'engage d'ailleurs à n'accepter qu'avec de
nombreuses réserves les résultats auxquels peuvent conduire
les expériences ayant pour critérium le développement apparent de l'embryon. Cette méthode ne me paraît point capable
de fournir un élément d'appréciation vraiment scientifique
dans la question qui m'occupe. Le processus germinatif n'est
point, en effet, un phénomène aussi simple que le supposent
peut-être trop facilement la plupart des botanistes; sa complexité est même assez grande pour que l'on ne puisse juger
du développement réel de l'embryon végétal et du degré de son
activité physiologique, par des caractères extérieurs appréciables à la vue, tels que la rupture du spermoderme et la
saillie plus ou moins hâtive de la radicule. Je ne crains pas

d'affirmer, en me basant sur des observations fréquemment
répétées, que c'est là un procédé empirique absolument illusoire
dans le cas particulier qui m'occupe. Bien qu'il soit susceptible
de fournir des résultats précieux, lorsqu'il s'agit de juger de l'influence d'une des conditions fondamentales de la germination,
il devient complètement insuffisant quand il faut surprendre
des influences secondaires plus délicates et plus fugaces, telles
que celle de la lumière. J'ai, en effet, constaté dans le cours
des recherches chimiques rapportées plus loin que, pour le
même développement apparent, l'absorption de l'oxygène, par
les semences en voie de germination, varie dans de larges
proportions avec la température, et n'est pas en rapport avec
l'accroissement extérieur de l'embryon. Il n'est d'ailleurs pas
surprenant que le développement de ce dernier puisse se poursuivre, à l'intérieur de la graine, plus longtemps dans une
semence que dans une autre en apparence identique; le rapport inconnu et variable de la réserve nutritive et du végétal
rudimentaire est probablement la raison de ces particularités
encore inexpliquées.

Bien que les recherches consignées dans ce chapitre ne
puissent fournir aucun résultat positif en ce qui touche le sujet
même de ce travail, je les ai conservées et relatées ici afin
d'éclairer les observateurs sur les défectuosités d'un procédé
expérimental auquel, dans l'avenir, ils auraient pu être tentés
de recourir encore : cela m'a paru d'autant plus utile que ce
danger ne semble point avoir, jusqu'à ce jour, frappé l'attention des botanistes. D'autre part, ces observations contenaient
quelques renseignements nouveaux relativement au degré
thermique favorable à la germination de quelques graines
exotiques.

Je dois enfin mentionner accessoirement une particularité
que j'ai souvent notée et qui n'a point encore été signalée, à
ma connaissance du moins. Quand on maintient dans l'obscurité certains embryons en voie de développement jusqu'au
moment où commence la période végétative, la tigelle reste
presque complètement glabre, tandis qu'à la lumière le même

organe se couvre de poils plus nombreux et mieux développés. Ce fait est très marqué sur les plantules de *Sinapis alba*. Chez d'autres végétaux, l'état pileux n'existant pas ou étant peu prononcé sur les tigelles à l'état normal, ce contraste ne se produit pas. Il est probable que la diminution du nombre et du volume des poils sur les tigelles de *Sinapis* développées à l'obscurité, n'est qu'une conséquence de l'étiolement qui entraîne le jeune végétal à s'accroître outre mesure dans le sens de l'allongement.

En présence de la conclusion à laquelle nous avons été conduit, il devenait inutile d'étudier l'action des différents rayons du spectre solaire, d'après la marche apparente de la germination. Comment supposer, en effet, après les résultats contradictoires obtenus précédemment pour les conditions de lumière et d'obscurité, c'est-à-dire pour les conditions les plus extrêmes, que l'emploi de la même méthode pût déceler pour les divers éléments du spectre une différence d'action?

Fallait-il donc, après cette première tentative infructueuse, renoncer à la solution du problème que je m'étais posé, ou chercher dans une autre voie plus féconde et plus sûre? C'est ce dernier parti que j'ai adopté, en prenant pour base d'une nouvelle série d'observations, les variations d'un acte physiologique qui mesure d'une manière presque mathématique l'activité germinative de l'embryon végétal, c'est-à-dire la fonction respiratoire. Ces recherches chimiques font l'objet du chapitre suivant.

CHAPITRE IV

RÔLE DE LA LUMIÈRE DANS LA GERMINATION ÉTUDIÉ D'APRÈS LES ÉCHANGES GAZEUX AVEC L'ATMOSPHÈRE

Pour étudier d'une manière complète au point de vue chimique, l'influence de la lumière sur la germination, il serait nécessaire de poursuivre une double série de recherches : les unes, ayant pour objectif les modifications que le processus germinatif imprime aux échanges gazeux avec le milieu aérien,

138   A. PAUCHON.

suivant qu'il s'accomplit à l'obscurité ou à la lumière ; les autres, destinées à pénétrer le secret des modifications très complexes qui, pour ces deux conditions, se produisent dans la nutrition intime de l'embryon végétal.

Dans l'état actuel de la science, il serait téméraire de chercher à remplir un cadre aussi vaste. Si, en effet, l'étude de l'influence de la lumière sur la respiration des semences, pendant la germination, est déjà entourée de certaines difficultés, la seconde partie du problème semble à peu près insoluble à l'heure présente. Bien que nous possédions déjà des notions assez étendues sur la composition chimique des différentes graines, nous ne savons que fort peu de chose sur les modifications subies dans les circonstances ordinaires de germination par les principes immédiats que contiennent ces organismes. Je limiterai donc mes recherches à la première partie de cette étude.

La méthode volumétrique est celle que j'ai préférée, et le principe du procédé employé repose sur les variations de volume que subit une atmosphère confinée de capacité connue, sous l'influence des graines qui y germent : ces dernières absorbent de l'oxygène et dégagent de l'acide carbonique qui est fixé, au fur et à mesure de sa production, par une solution alcaline où l'on peut même le doser à la fin de l'expérience. La diminution de volume de l'air contenu dans l'appareil répond à l'absorption de l'oxygène et la mesure directement. Mais l'emploi de ce procédé suppose implicitement que d'autres gaz ne sont pas absorbés ou émis par les semences dans l'acte normal de la germination. Comme une opinion contraire a été énoncée, il y a quelques années, par MM. Dehérain, et Landrin (1), il importe d'examiner les principaux résultats mentionnés par ces physiologistes, afin de mettre la méthode que j'ai suivie à l'abri de toute objection, et d'établir qu'elle possède une exactitude aussi rigoureuse que peut le comporter une recherche de cet ordre. On a d'ailleurs adressé

(1) *Ann. sc. nat.*, 1874, t. XIX, p. 358.

quelques critiques aux conclusions trop générales que ces
auteurs ont tirées de leurs expériences. Ainsi M. A. Leclerc (1)
a insisté sur les défectuosités du mode opératoire adopté par
eux et qui consistait à placer les graines dans une couche
d'eau sur le mercure, c'est-à-dire dans des conditions défa-
vorables à la germination, par suite du double contact avec
l'eau et le mercure ; il a signalé quelques résultats discordants
dans les chiffres rapportés par MM. Dehérain et Landrin, et
leur a reproché d'avoir employé deux méthodes analytiques
différentes pour le dosage de l'azote dans les graines avant
et après la germination, et par-dessus tout, d'avoir basé leurs
conclusions sur des expériences très différentes dans lesquelles
les graines avaient germé, n'avaient pas levé ou s'étaient pu-
tréfiées. En effet, comme le dit avec raison M. Leclerc, la
principale difficulté que l'on rencontre dans ce genre de recherches résulte d'une mauvaise germination, et il est extrêmement rare d'obtenir le développement de toutes les semences.

« Or, quand une graine, placée dans un liquide ou en
contact avec une atmosphère oxygénée et saturée de vapeur
d'eau, ne germe pas, elle se décompose et dégage, ainsi que
l'ont montré les expériences de MM. Lawes et Gilbert, de
l'acide carbonique libre et de l'azote libre (2). » De ce qu'il
y a dégagement d'azote pendant la germination dans une
atmosphère artificielle, comme l'ont constaté MM. Dehérain
et Landrin, il ne résulte pas nécessairement que le même
phénomène se produise dans l'air normal.

Je dois faire observer, du reste, qu'il existe une différence
capitale entre le mode expérimental adopté par MM. Dehérain
et Landrin et celui auquel j'ai eu recours, différence qui est
d'ailleurs en rapport avec le but spécial poursuivi dans les
deux cas. Dans les expériences de ces physiologistes, l'acide
carbonique exhalé s'ajoutait à l'atmosphère confinée dans des

(1) *Ann. ch. et phys.*, 1875, t. IV, p. 232.
(2) *Op. cit.*, p. 231.

proportions variables, suivant la nature des graines et le volume du milieu aérien primitif. Or, les expériences de MM. Dehérain et Landrin (1), confirmant celles plus anciennes de Th. de Saussure, établissent que, dans le cas où la proportion d'acide carbonique atteint un quart, même dans l'oxygène pur, la germination ne se produit pas (tableau IV) (2), et que dans une atmosphère contenant 112 centimètres cube d'oxygène pour 3 centimètres cube d'acide carbonique, le phénomène commence, mais s'arrête bientôt d'une manière complète (tableau V) (3).

Il est donc certain que la présence en quantité un peu notable de l'acide carbonique dans le milieu où respirent des graines en germination, apporte une entrave au moins relative à la marche du phénomène. Les expériences dans lesquelles l'acide carbonique exhalé n'est pas absorbé à mesure de sa production, comme je l'ai fait dans mes recherches, ne réalisent donc pas les conditions physiologiques : elles placent les semences dans un milieu artificiel nuisible à leur développement, et les exposent à une véritable asphyxie qui, très probablement, se produit alors dans la graine par un mécanisme identique à celui qu'on a admis pour les animaux, même les plus élevés en organisation. Il est permis de supposer, en effet, que, de même que chez ces derniers, l'asphyxie est la conséquence de l'impossibilité où se trouve le milieu intérieur de se débarrasser de l'acide carbonique qu'il contient dès que le milieu extérieur en est saturé au même degré ; de même, pour les graines, l'asphyxie survient dès que la tension de l'acide carbonique inclus devient égale à celle du même gaz contenu dans l'atmosphère : l'échange s'arrête alors, et c'est vraisemblablement l'acide carbonique produit par la graine elle-même qui, ne pouvant plus trouver issue au dehors, y détermine une suspension de la vie, momentanée ou définitive.

(1) Op. cit., p. 384.
(2) Op. cit., p. 384.
(3) Op. cit., p. 386.

Comme l'a établi M. P. Bert pour les animaux à sang froid, l'asphyxie des semences dans un air confiné résulte très probablement beaucoup plus de la présence d'un excès d'acide carbonique que de la privation d'oxygène.

Quant au phénomène de l'occlusion, j'avouerai qu'il m'est impossible d'accepter l'interprétation qu'en ont fournie MM. Dehérain et Landrin. De ce que les graines, avant d'avoir donné aucun signe apparent de germination, ont absorbé des quantités souvent considérables de gaz, doit-on conclure avec ces physiologistes, « qu'au commencement de la germination les graines absorbent le gaz à la façon des corps poreux » et « qu'ils y sont condensés comme le sont l'hydrogène dans l'éponge de platine, le gaz de l'éclairage dans le palladium, les gaz ammoniac, chlorhydrique, etc., dans le charbon? » En ce qui concerne l'azote, les expériences et les analyses faites par M. Leclerc l'ont conduit à affirmer « que le phénomène de la condensation n'existe pas » (1). Reste l'occlusion de l'oxygène : mais cette occlusion n'est que le phénomène respiratoire dans toute sa simplicité ; l'oxygène ne se condense pas plus dans la graine qu'il ne se condense dans les poumons du nouveau-né au moment de la naissance. Dès qu'une graine capable de germer a été suffisamment humectée, l'échange gazeux s'établit forcément et l'absorption d'oxygène est bientôt suivie d'un dégagement d'acide carbonique. Comment expliquer ce dernier fait dans la théorie de l'occlusion? Quant au dégagement de chaleur qui se manifeste dans les premiers temps de la germination, c'est encore une conséquence du phénomène respiratoire lui-même et des oxydations qui l'accompagnent, et non celle d'une contraction gazeuse ; en un mot, là où MM. Dehérain et Landrin n'ont vu qu'un phénomène physique, il y a un phénomène physiologique.

Je m'occuperai d'abord de l'influence exercée par la lumière dans le premier temps de la fonction respiratoire, c'est-à-dire sur l'absorption de l'oxygène.

(1) *Op. cit.*, p. 253.

A. — INFLUENCE DE LA LUMIÈRE SUR LA QUANTITÉ D'OXYGÈNE
ABSORBÉ PENDANT LA GERMINATION.

Je décrirai successivement les appareils et la méthode
employés dans ces recherches, les expériences effectuées et les
résultats qui en découlent.

§ 1. — Appareils et méthode.

L'appareil dont j'ai fait usage n'est qu'une modification de
celui qui a été employé par MM. A. Mayer et A. de Wolkoff (1),
pour l'étude de la respiration des plantes, et que j'ai adopté
au but spécial poursuivi dans ce travail.

Deux appareils identiques devant toujours fonctionner
simultanément et comparativement dans chaque expérience,
il me suffira de donner la description de l'un deux.

Mon appareil se compose d'un tube de verre recourbé en
forme d'U renversé dont les branches, de longueur à peu près
égale (40 à 50 centimètres), diffèrent sensiblement par leur
calibre. La plus large, d'un diamètre de 3 centimètres environ, est destinée à contenir les graines choisies pour l'expérience ; l'autre, beaucoup plus étroite, d'un diamètre de 1 centimètre deux tiers environ, soigneusement graduée en cinquièmes ou en dixièmes de centimètre cube, permet de lire les
volumes de gaz absorbés. Il est évident que le diamètre
des deux branches peut varier dans des proportions assez
étendues sans qu'il en résulte aucun inconvénient ; cependant l'augmentation de diamètre de la branche large ne
doit point être porté au delà de certaines limites, à cause de
la difficulté de fermeture qui en résulterait; d'autre part, le
tube gradué peut avoir un diamètre inférieur à 1 centimètre,
les changements de niveau n'y seront, dans ce cas, que plus
sensibles.

Les graines sont placées dans un petit vase de verre ayant à
peu près la forme d'un dé à coudre, et d'un diamètre un peu
inférieur à celui de la branche la plus large : on le remplit

(1) *Ann. sc. nat.*, 6e série, 1875, t. I, p. 254.

jusqu'aux deux tiers de sa hauteur d'une couche de coton imbibé d'eau distillée, sur laquelle on dispose les graines ; puis on l'introduit dans la branche large, l'appareil étant placé dans la position indiquée sur la fig. n° 1, pl. 2. Au-dessus de ce vase, on dispose un trépied en verre destiné à le soutenir.

Le trépied étant mis en place, on introduit au-dessus de ce support un second godet en verre, à fond arrondi ou plat, contenant une solution concentrée de potasse caustique. On ferme enfin le tube à l'aide d'un bouchon en caoutchouc, de forme légèrement conique, préalablement enduit d'un mélange de cire et d'huile. On a soin de marquer avec un index en papier ou d'un trait au diamant, le point du tube qui correspond au plan de la surface libre du bouchon, afin de pouvoir toujours réintroduire ce dernier à la même profondeur, condition essentielle pour juger avec précision du volume des gaz enfermés dans le tube, et pour effectuer les corrections nécessitées par la température et la pression. Il est facile de s'assurer que la large branche de l'appareil est hermétiquement fermée, soit par la non-ascension du mercure dans la branche graduée, soit en plongeant l'extrémité de la large branche dans un récipient plein de mercure. Il est évident que si la fermeture n'est pas hermétique, la pression atmosphérique entraînera une certaine quantité de ce liquide dans l'appareil. Quant à la branche graduée, on la fait aussi plonger dans le mercure par son extrémité libre. Puis on y introduit, à l'aide d'une pipette à bec recourbé et effilé, une petite quantité de la solution concentrée de potasse. Cette dernière disposition a pour résultat, ainsi que le font observer MM. Mayer et Wolkoff, d'augmenter la vitesse de l'absorption de l'acide carbonique exhalé par les graines, absorption qui aurait été retardée par une plus grande difficulté de diffusion dans la branche étroite. Quant aux déterminations de niveau, les expérimentateurs allemands les effectuaient à l'aide d'un cathétomètre et à la surface libre du mercure, C'est une complication inutile pour mes observations, où la lecture peut être facilement et rigoureusement faite avec une approximation d'un dixième de centimètre cube, en prenant pour niveau le fond du ménisque concave existant à la surface libre de la solution alcaline placée dans le tube gradué au-dessus du mercure.

Il est facile de comprendre comment, avec cet appareil, on peut mesurer la quantité d'oxygène absorbée par les graines en germination. L'absorption d'oxygène par les semences et l'émission d'acide carbonique, qui est absorbé à son tour par la solution de potasse, tendent à produire une diminution de volume dans l'atmosphère confinée qui remplit les deux tubes. Cette diminution, identique à la quantité d'oxygène consommé, est mesurée par l'ascension de la colonne liquide dans la branche graduée. La comparaison des volumes absorbés dans des temps égaux, sous l'influence de conditions déterminées, donne le rapport existant entre l'activité respiratoire et l'influence de la lumière.

Si nous supposons, en effet, que deux appareils identiques soient disposés l'un près de l'autre, comme dans la fig. n° 1, pl. 2, et que l'un des appareils soit recouvert de nombreuses couches de papier noir, destinées à empêcher l'accès de la lumière sur les graines qui y sont placées, on aura un moyen très simple de déterminer l'influence de la lumière et de l'obscurité sur le phénomène respiratoire, à condition toutefois que les deux appareils soient placés dans des conditions identiques de température, ce qui est facile à réaliser à la lumière diffuse, comme nous l'avons fait dans nos expériences, où les appareils étaient maintenus à l'abri de la radiation solaire directe dans une vaste pièce cubant 400 mètres, et où les variations de température étaient, par conséquent, très marquées. On eût pu, cependant, rechercher l'influence de la lumière directe en plaçant le double appareil dans un vaste aquarium, où l'interposition d'une couche suffisamment épaisse d'eau eût suffi à assurer une complète identité de température à deux lots de graines exposés l'un à la lumière directe, l'autre à l'obscurité.

MM. Mayer et Wolkoff conseillent de graduer directement la branche étroite : il m'a paru préférable d'adapter à l'ap-

pareil, par une soudure, un tube déjà gradué, dans ce cas, il
ne faut employer que des verres homogènes et aussi semblables
que possible, du cristal par exemple.

Il reste enfin à mesurer la capacité de chacun des appareils,
opération que l'on pratique une fois pour toutes au commencement des expériences. Les volumes fournis par le jaugeage
doivent toujours être réduits à la température de 0 degré et
à la pression de 0^m,760 de mercure, à l'aide de la formule
usuelle. Toutefois, le nombre de ces calculs peut être notablement restreint, si l'on fait usage de deux appareils de capacité rigoureusement égale. Les causes d'erreur inhérentes à
la température et à la pression, agissant alors d'une manière
identique sur chacun d'eux, le rapport entre les résultats reste
toujours comparable à chaque mensuration. Il faut cependant
remarquer que la pression notée, dans chaque observation,
se compose de plusieurs facteurs, notamment de la pression
barométrique, diminuée de la pression du mercure, et de la
solution alcaline dans la branche étroite, diminuée aussi de
la tension de la vapeur d'eau dont est saturée l'air contenu
dans l'appareil pour une température donnée. Il importe, d'autre part, de déduire du volume de l'appareil, celui de l'espace
qu'occupent dans son intérieur les corps introduits pour l'expérience. Il suffit, pour cela, de déterminer le volume qu'occupe le vase contenant la solution alcaline, qu'on a soin d'y
verser toujours en même quantité. Le volume du godet contenant les graines est facile à connaître. Enfin le volume de
la solution alcaline introduite dans la branche graduée est
déterminé directement par la graduation. Le jaugeage de l'appareil peut être fait très rapidement, en le disposant comme
pour une expérience et en le remplissant d'eau avec une éprou-
vette graduée. C'est le mode qui m'a semblé le plus prompt
et le plus exact.

La capacité plus ou moins grande de l'appareil employé
dans les recherches de cet ordre me paraît être une circonstance majeure, dont l'importance n'a pas suffisamment frappé
les expérimentateurs. Cette capacité, en effet, doit être telle,

A. Pauchon.   10

que les semences placées dans l'appareil puissent y respirer
pendant tout le temps de l'expérience, sans que la proportion
d'oxygène de cette atmosphère confinée diminue au point d'en-
traver à un degré quelconque la marche du phénomène respiratoire et de la germination elle-même. Il est évident, en
effet, que si l'on fait germer dans un volume d'air égal, à
100 centimètres cubes par exemple, une quantité de graines
telle qu'au bout de deux, trois, quatre jours, en un mot, avant
l'entier achèvement du processus, il y ait absorption d'une
forte proportion d'oxygène, le milieu se trouvera tellement
appauvri en ce dernier élément, que la respiration des semences
y deviendra difficile et tout à fait anormale, alors même que
l'acide carbonique produit serait absorbé à mesure de son
exhalation. Les recherches de M. P. Bert (1) établissent,
d'ailleurs, de la manière la plus probante, que, sous des pres-
sions inférieures à celle de l'atmosphère, « la germination se
fait avec d'autant moins d'énergie et de rapidité que la pression est plus faible », et que ce résultat dépend, non de la
dépression, en tant que condition physique, mais de la moindre tension de l'oxygène de l'air. M. P. Bert a constaté, en
effet, que « dans l'air pauvre en oxygène, malgré que la quantité totale en soit bien suffisante, la germination se fait moins
vite que dans l'air ordinaire ». Il a vu, d'autre part, que « les
graines, semées dans des atmosphères très oxygénées, ont
poussé aussi vite que dans l'air à pression normale, malgré la basse pression barométrique à laquelle ils étaient
soumis ».

Il est donc nécessaire de fournir suffisamment d'oxygène
aux graines en germination, soit en ajoutant directement une
certaine quantité de ce gaz pour remplacer celui qui est absorbé, soit en opérant (ce qui me semble de beaucoup préférable et comme je l'ai fait) avec des appareils d'une capacité
suffisante pour que les conditions de respiration ne soient
point sensiblement altérées, même à la fin de l'expérience. La

(1) P. Bert, *La pression barométrique*, 1878, p. 848.

capacité des quatre appareils que j'ai employés, variait de 280 à 400 centimètres cubes. Le plus petit contenait donc environ 59 centimètres cubes et le plus grand 84 centimètres cubes d'oxygène. Bien que l'air contenu dans l'appareil fût parfois, dans les derniers jours de l'expérience, très appauvri en oxygène, je n'ai cependant pas constaté de différence apparente dans la marche ou la durée de germinations effectuées simultanément dans des appareils dont la capacité variait de $\frac{1}{4}$ environ. Dans quelques cas, où l'oxygène était presque complètement épuisé vers la fin de l'expérience, j'ai vu que l'absorption de ce gaz diminuait graduellement, mais sans que les graines parussent en éprouver aucune altération. Je suis porté à croire que les graines supportaient alors le manque d'oxygène sans inconvénient marqué, grâce à la précaution prise d'absorber, au fur et à mesure de sa production, le gaz acide carbonique exhalé, particularité analogue à celle observée par M. P. Bert (1) chez certains animaux hibernants. Toutefois, si la faible tension de l'oxygène, a, dans quelques expériences, et surtout vers la fin de ces dernières, diminué forcément l'absorption d'oxygène, cette condition défavorable a surtout agi sur les appareils éclairés, dans lesquels l'absorption se faisait avec une rapidité plus grande qu'à l'obscurité; elle n'a donc pu qu'atténuer les différences observées et non les exagérer.

Mais la circonstance relative à la capacité de l'appareil a pour corollaire obligé, l'emploi d'un poids limité de semences : en limitant le chiffre des graines introduites dans l'appareil, non seulement on amoindrit la cause d'erreur précédemment signalée, mais on augmente les chances d'obtenir l'unanimité de germination, ce qui est évidemment très favorable pour établir un résultat précis, sous cette réserve toutefois que le nombre des semences sera suffisant pour produire une absorption facile à constater.

La première observation ne doit pas être faite immédiate-

(1) *Leçons sur la physiologie comparée de la respiration*, p. 567.

ment après que les appareils ont été disposés pour l'expérience. Un intervalle d'au moins trois heures doit toujours séparer ce moment de celui du réglage : car le maniement nécessité par l'installation, le simple voisinage du corps de l'observateur, suffisent à modifier la température des appareils, surtout pendant les temps froids, et l'on observe assez souvent, dans ces conditions, une élévation notable de niveau dans le tube gradué, dès que l'équilibre thermique s'est rétabli et que l'appareil s'est saturé de vapeur d'eau. Aussi la précaution que je signale est-elle plus impérieuse en hiver qu'en été : on en comprend sans peine le motif.

Pour chaque expérience, les observations doivent être prolongées pendant un temps suffisant, au moins jusqu'au moment où apparaissent les signes extérieurs de la germination pour les graines placées dans l'appareil éclairé. Si l'expérience n'était point continuée un peu au delà du terme habituel de la germination des graines observées, il serait impossible de déterminer la part qui revient dans le résultat, soit aux graines germées, soit à celles non germées mais qui auraient levé ultérieurement, soit enfin à celles qui étaient incapables de germer. Dans ce dernier cas, il peut arriver que des graines se putréfient en dégageant de l'azote et de l'acide carbonique, des hydrocarbures, de l'hydrogène libre ou même de l'hydrogène sulfuré, ainsi que je l'ai constaté à plusieurs reprises pour les haricots. Le mieux alors me paraît être de sacrifier l'expérience; c'est ce que j'ai fait, pour ma part, dans tous les cas où cette cause d'erreur s'est produite. Elle se rencontre d'ailleurs moins fréquemment quand on a la précaution de n'employer qu'un très petit nombre de graines, et de ne pas les noyer dans une trop grande quantité d'eau. Je dois ajouter que cette complication est plus facile à éviter quand les expériences ne sont pas prolongées au delà d'une huitaine de jours.

Le hasard m'a justement permis de me rendre compte de l'influence exercée sur mon appareil par des graines qui se décomposent; j'en citerai trois exemples :

Expérience 1. — Deux lots, d'égal poids, composés chacun

de quatre graines de Ricin (variété à grosses graines, dont j'ai abandonné l'emploi après cette expérience) sont disposés, dans des appareils, à l'obscurité et à la lumière, le 2 mars 1880 (1).

	Obscurité V = 287	Lumière V = 318	Temp.	Haut.	F.
	cc	cc		mm	
2 mars, midi....	2,8	2	14,5	762	12,3
7 — 8 h. m....	7,5	5	15	760	12,7

A ce moment il y a trois graines germées *à l'obscurité*, et une non germée, mais sans odeur de décomposition; *à la lumière*, les quatre graines sont en pleine décomposition et couvertes de moisissures.

Après avoir effectué les corrections pour ramener les volumes à 0° et à 760 centimètres, on obtient les chiffres suivants pour les volumes de gaz contenus dans les deux appareils, au commencement et à la fin de l'expérience :

Dans le premier appareil 266,81, dans le deuxième 296,03
          254,31   279,47
Dont les différences....   15,50   et   16,56

indiquent la diminution de volume produite de chaque côté pendant l'expérience.

Expérience 2. — Deux lots d'égal poids (2gr,90) composés chacun de cinq graines de haricots (var. Coco blanc) pour le deuxième lot (var. Coco noir violet) pour le premier lot, sont placés dans deux appareils éclairés, le 17 avril.

	Lot 1 V = 400	Lot 2 V = 338	Temp.	Haut.	F.
	cc	cc			
17 avril, 4 h., s...	2	2	20°	760	17,39
21 — 10 h., m...	7,8	11,2	19°	764	16,35

A ce moment, il n'y a aucune germination dans le premier lot, dont les graines sont en pleine décomposition; dans le deuxième lot, trois graines ont germé, une n'a pas germé, mais

---

(1) Dans le tableau ci-dessous et dans ceux qui suivront, *Temp.* désigne la température au moment de l'observation, *Haut.* la hauteur barométrique, et *F.* la force élastique de la vapeur d'eau correspondant à la température.

abandonnée à l'air libre, a émis sa radicule dès le lendemain, enfin une est décomposée.

En ramenant à 0° et à 760, on a :

Pour le 1er lot........ 362,9, et pour le 2me... 306
332,7 267,57
Dont les différences... 30,2 et 38,43

donnent la mesure de l'élévation de niveau qui s'est produite dans chaque appareil depuis la première jusqu'à la dernière observation.

Expérience 3. — Deux graines de haricot d'Espagne, pesant chacune 1gr,80, l'une noire, l'autre blanche, sont placées dans deux appareils et exposées à la lumière directe, le 5 mai.

	Gr. noire. V.=318	Gr. blanche. V.=287	Temp.	Haut.	F.
5 mai, 6 h., s...	3,8	1,8	21°	758	18,5
8 — 6 h., s...	12,2	5,8	19°	750	16.4

La graine blanche a germé et sa radicule, apparue dans la soirée du 7 mai, a déjà un demi-centimètre de longueur au moment où l'expérience est suspendue; la graine noire est en pleine décomposition, elle laisse échapper par le hile un liquide spumeux et fétide.

En faisant les corrections, on a comme expression des volumes gazeux :

Pour le 1er lot....... 283,86 Pour le 2me lot.. 257,66
259,43 240,15
Dont les différences sont. 24,43 et 17,51

La graine décomposée a donc amené une diminution de volume gazeux, égale à 24cc,43, tandis que la graine germée n'a absorbé que 17cc,51 d'oxygène.

La diminution de volume de la masse gazeuse, dans le premier cas, ne peut être attribuée qu'à l'absorption de l'oxygène. En effet, l'acide carbonique produit a été fixé au fur et à mesure de sa production par la solution de potasse. Mais il est certain qu'il y a eu aussi exhalation d'azote, et ce gaz est venu s'ajouter au volume de l'atmosphère confinée, de telle sorte que la diminution de volume due à l'absorption de l'oxygène a dû être en partie neutralisée par l'exhalation d'azote ; il est donc permis d'affirmer que la quantité d'oxygène absorbé a été notablement supérieure au chiffre indiqué par l'appareil.

La conclusion qui ressort de ces faits, c'est que, dans les cas où la décomposition se produit lentement, et dans les limites de temps indiquées par les expériences 1 et 2, les graines élèvent le niveau du mercure d'une manière notablement moindre qu'elles ne le font en germant, et cette différence est probablement due à une moindre absorption d'oxygène plutôt qu'à un dégagement d'azote ; ce dernier phénomène n'apparaissant qu'à une période de décomposition plus avancée. Lorsqu'au contraire la putréfaction est rapide, comme dans l'expérience 3, il se produit une absorption d'oxygène beaucoup plus considérable que dans la germination elle-même, bien que cette absorption soit masquée en partie par un dégagement simultané d'azote. On comprend sans peine quel intérêt s'attache à ces observations, quand on est dans l'obligation d'interpréter des expériences dans lesquelles un certain nombre de graines germées se trouvent mêlées à des graines non germées ou parvenues à des degrés divers de décomposition.

Il arrive parfois qu'au moment où l'on met fin à une expérience, une ou plusieurs graines n'ont pas germé, sans présenter toutefois aucun signe de décomposition. Doit-on les considérer comme des corps inertes n'ayant eu aucune action sur le niveau de l'appareil ? Pour trancher cette question, il suffit, comme je l'ai fait dans quelques expériences portant sur un nombre très limité de graines, d'abandonner ces semences à l'air libre sur du coton humide et dans des conditions analogues de température. Si la germination se produit dans un délai très inférieur à celui du temps habituellement nécessaire à la production de ce phénomène, on peut affirmer que le processus germinatif avait déjà commencé dans l'appareil, et doit, par conséquent, avoir une part dans le résultat de l'expérience.

Pour en finir avec ces considérations préliminaires, j'insisterai sur la nécessité qu'il y a d'employer toujours un nombre égal de graines représentant un même poids. Quelques recherches entreprises sur ce point m'ont démontré en effet que le chiffre de l'oxygène absorbé n'est point en rapport avec la nombre de semences placées dans une atmosphère limitée, mais avec leur poids total. Pour élucider cette question, j'ai fait d'abord une première expérience portant sur un nombre égal de graines de poids différent.

Expérience 4. — Deux lots composés chacun de 5 graines de Ricin (var. à petite graine) sont placés dans deux appareils dans des conditions identiques de température et d'éclairement : le lot 1 pèse $1^{gr},27$; le lot 2, $0^{gr},94$. L'expérience est commencée le 1er avril.

		Lot 1. V.=287cc	Lot 2. V.=318cc	Temp.	Haut.	F.
1er avril.	4 h., s...	3,8	3,9	18°	757	15,36
10 —	8 h., m...	17,4	11	16°	757	13,6

Pendant la durée de l'expérience, la marche du développement apparent des semences a été la suivante : dès le 9, toutes les graines du deuxième lot avaient rompu leur enveloppe et leur radicule apparaissait ; au même moment, parmi les graines plus lourdes du premier lot, trois seulement avaient rompu leur spermoderme, mais sans que la radicule fît encore aucune saillie au dehors. Au moment où l'expérience fut terminée, il y avait dans le deuxième lot 3 graines avec des radicules de 1 centimètre de longueur, 1 avec une radicule de 1 centimètre 1/2, enfin chez la dernière la radicule se montrait à peine. Dans le premier lot, les trois graines germées avaient une radicule de 1 centimètre 1/2, et étaient un peu plus développées que la moyenne de leurs congénères du deuxième lot ; mais les deux autres graines ne présentaient encore aucune rupture du spermoderme bien qu'ayant certainement déjà parcouru une partie de leur phase germinative. Pour m'assurer de ce fait, je laissai germer ces deux graines à l'air libre sur du coton humide : la première leva au bout de trente heures et la seconde au bout de quarante-deux heures. Les 5 graines du premier lot étaient donc à des stades plus ou moins avancés de leur germination, et les deux retardataires avaient certainement une part dans l'absorption opérée aux dépens de l'oxygène.

En opérant les corrections on a :

Pour le 1er lot.........	256,44	Pour le 2er..	286,59
	203,51		256,55
Dont les différences sont .	53,93	et	30,4

Le lot des 5 graines les plus pesantes a donc absorbé du 1er au 10 avril 53°,93 d'oxygène, tandis que celui des graines les plus légères n'en a absorbé dans le même laps de temps que 30°,04 ; la différence en faveur du premier lot est donc de 23°,89.

En résumé, bien que le développement extérieur fût plus avancé dans le deuxième lot que dans le premier, cependant le phénomène respiratoire a été de $\frac{4}{5}$ plus actif pour les graines lourdes que pour les graines légères, et cet avantage s'est montré continu pendant toute la durée de l'expérience.

Ce résultat indiquait la nécessité de faire une deuxième expérience dans d'autres conditions pour résoudre la question suivante : Étant donnés deux lots composés des mêmes graines en nombre différent, mais de poids total identique, quelle est la marche du phénomène respiratoire? Tel est l'objet de l'expérience qui suit.

Expérience 5. — Elle a porté également sur des graines de Ricin : les deux lots, d'un poids total de 1gr,6 étaient composés, le premier de 4 graines, le deuxième de 6 ; les appareils ont été exposés à la lumière dans des conditions identiques de température à partir du 8 avril.

	Lot 1 $V = 400^{cc}$	Lot 2 $V = 338^{cc}$	Temp.	Haut.	F.
8 avril, 7 h., s...	1	1	17°,5	754	14,35
17 — 9 h., m...	12,5	14,2	18°	759	15,36

Au point de vue du développement extérieur, il y avait dans

le deuxième lot, dès le 13, trois germinations ; une quatrième se produisait le 14, une cinquième le 16 et la dernière le 17. Dans le lot 1, la première germination n'a eu lieu que le 15 ; deux autres ont suivi le 16, enfin la dernière s'est produite dans la nuit du 16 au 17. Au moment où l'expérience a été arrêtée, j'ai trouvé : dans le lot 1, trois semences avec des radicules de 4 millimètres et la quatrième avec une radicule de 2 millimètres seulement. Dans le lot 2, une graine avait une radicule de 1°,5 ; pour trois autres, la radicule atteignait 1 centimètre ; chez une, 2 millimètres ; enfin la sixième graine venait à peine de rompre son enveloppe. Le développement extérieur des graines du lot 2 était plus avancé que celui des graines du lot 1 ; il n'y a donc rien d'étonnant que cette priorité d'évolution se soit manifestée par une différence très petite dans la quantité d'oxygène absorbé.

En effet, les corrections étant effectuées, on a :

	cc		cc
Pour le 1er lot.........p	365,05,	Pour le 2me..	308,32
	300,67		244,46
Dont les différences sont..	64,38	et	63,86

Les 4 graines du lot 1 ont donc absorbé 64cc,38 d'oxygène et celles du lot 2, 63cc,86 ; la différence en faveur du lot 2, soit 0cc,52, est négligeable, surtout en songeant que la marche un peu plus lente du développement germinatif dans le premier lot rend facilement compte de ce léger écart entre les deux chiffres.

En somme, cette expérience nous amène à conclure que, d'une manière approximative, les quantités d'oxygène absorbé par des graines de nature identique mais de poids différent, pendant leur germination sont en rapport direct avec le poids de ces graines, ou en d'autres termes, que les semences respirent non pas proportionnellement au nombre de leurs individualités, mais proportionnellement au poids total de ces individualités, ce qu'il était d'ailleurs facile de prévoir en songeant à la généralité du phénomène respiratoire si bien établie pour les tissus animaux par les recherches de M. P. Bert.

Enfin, dès qu'une expérience est terminée, il faut toujours avoir le soin de noter le développement de chaque lot de graines. C'est là un élément très important d'appréciation pour se rendre compte de la part qui incombe à chaque graine dans l'absorption totale d'oxygène, élément qui a été presque complètement négligé par la plupart des expérimentateurs au grand préjudice de la rigueur des observations et de la valeur des résultats.

Les expériences que je vais relater ont eu lieu pour le plus grand nombre à la lumière diffuse où les conditions d'identité de température étaient rigoureusement assurées. Il est à noter en effet que si le pouvoir absorbant avait dû s'exercer avec plus d'intensité d'un côté que de l'autre, c'eût été certainement sur l'appareil recouvert de papier noir. Ces expériences ont donc une importance majeure, et c'est sur leurs résultats que je m'appuierai pour établir mes conclusions.

J'ai fait cependant quelques expériences en plein soleil : il est évident que, dans ces conditions, la température prédominait d'une manière très marquée du côté du tube noir et devait par conséquent amener quelque changement dans la marche du phénomène respiratoire. Ces observations avaient pour but de déterminer incidemment l'action des températures croissantes sur la quantité d'oxygène absorbé par les graines, et de vérifier si la respiration des semences était influencée par la chaleur comme la respiration générale des tissus végétaux.

§ 2. — Expériences à la lumière diffuse.

Cette première série d'expériences a été commencée au mois de décembre 1879 et continuée jusqu'au mois d'avril 1880. Je ne rapporterai ici que les expériences dans lesquelles le nombre des graines non germées n'a pas été trop élevé et qui seules par conséquent peuvent servir de base à une conclusion.

Expérience 1. — Deux lots pesant chacun 1gr.70 et com-

posés de 5 graines de Haricots blancs (var. Flageolet) sont
disposés dans deux appareils le 27 janvier.

		Obscurité V.=400	Lumière V.=400	Temp.	Haut.	F.
		cc	cc			
27 janv.,	7 h., s...	5	5	8°,5	766	8,2
28 —	3 h., s...	5,2	5,8	»	»	»
29 —	3 h., s...	5,3	5,9	»	»	»
30 —	8 h., m...	5,8	6,3	»	»	»
	6 h., s...	5,4	5,8	»	»	»
31 —	8 h., m...	6	6,6	»	»	»
	6 h., s...	5,6	6,2	»	»	»
1ᵉʳ février,	8 h., m...	6,2	6,8	»	»	»
2 —	8 h., m...	6,2	6,6	»	»	»
3 —	8 h., m...	6,5	7,8	12°,2	772	10,5

Au moment où l'expérience est arrêtée, il y a *à l'obscurité*,
3 graines germées et 2 non germées, mais sans odeur de décomposition ; *à la lumière*, 4 graines ont levé et 1 n'a pas germé.
Mais le développement de la radicule est à peu près égal
à celui des semences germées de l'autre lot.

En ramenant les volumes à 0° et à 76ᶜ, on a :

		cc		cc
A l'obscurité...........		381,93	A la lumière..	381,93
		369,97		361,94
Dont les différences sont.		11,96	et	19,99

Le lot exposé à la lumière a donc absorbé 8ᶜᶜ,03 en plus
que le lot placé à l'obscurité. Mes expériences préliminaires
établissant que la diminution de volume produite par des
graines qui ne germent pas ou commencent à se décomposer,
est moindre que celle que l'on constate dans les conditions
physiologiques de germination, il y a tout lieu de penser que
la plus forte part de la différence 8ᶜᶜ,04 résulte de l'oxygène
absorbé en plus grande proportion par les graines germées
du deuxième lot. En supposant même pour un instant que les
11ᶜᶜ,96 disparus dans le premier appareil aient été absorbés
exclusivement par les 3 graines germées, on aurait une moyenne
de 4 centimètres cubes environ par germination : en portant ce
nombre à 4 (égal à celui du deuxième lot), on n'obtiendrait

encore qu'un total de 16 centimètres cubes, chiffre inférieur de 1/5 à celui de l'oxygène absorbé par les graines exposées à la lumière.

Expérience 2. — Deux lots de 6 graines de Ricin (var. à petites graines), pesant chacun 1 gramme, sont placés dans les mêmes appareils.

	Obscurité $V = 400$	Lumière $V = 400$	Temp.	Haut.	F.
3 février. 5 h., s...	5	5,2	13°,5	772	11,5
5 — 9 h., m...	5,8	6,8	»	»	»
6 — 9 h., m...	5,9	7	»	»	»
9 — 9 h., m...	6	7,2	»	»	»
8 — 9 h., m...	6	7,2	»	»	»
11 — 9 h., m...	6,2	7,5	»	»	»
12 — 9 h., m...	6,3	8,4	»	»	»
14 — 9 h., m...	6,6	8,9	13°,5	765	11,5

Dans les deux lots *toutes les graines* ont germé : il y a chez toutes, rupture du spermoderme et une très faible saillie de la radicule à peu près égale de part et d'autre.

En faisant les corrections, on a pour les volumes au commencement et à la fin de l'expérience :

	cc			cc
A l'obscurité..........	376,70	A la lumière..		376,32
	364,13			351,78
Dont les différences sont.	12,57	et		24,54

L'unanimité de germination donne à cette expérience une importance capitale : deux lots de graines de même nombre, pesant un même poids, ont absorbé à l'obscurité 12cc,57, à la lumière 24cc,54 pour atteindre un même développement ; le rapport entre l'activité respiratoire pour ces deux conditions a été celui de 1 à 2.

Expérience 3. — Deux lots de 6 graines de Ricin de même poids total, 1gr,15, sont disposés comme précédemment le 15 février.

	Obscurité $V = 400$	Lumière $V = 400$	Temp.	Haut.	F.
	cc	cc			
15 février. { 10 h., m...	4,4	6	12°,5	765	10,7
{ 6 h., s...	4	5,4	»	»	»
16 — 9 h., m...	4,5	5,8	»	»	»

17 février,	8 h.1/2 m.	4,8	5,8	»	»	»
	6 h.1/2 s..	4,6	5,8	»	»	»
19 —	8 h.1/2 m.	5,8	6,9	»	»	»
19 février,	9 h., m...	6,2	7,6	»	»	»
	2 h., s...	5,4	6,8	»	»	»
20 —	8 h.1/2 m.	6,4	8	»	»	»
	7 h., s...	5,6	7,4	»	»	»
21 —	9 h., m...	6,5	8,7	»	»	»
	2 h., s...	5,6	7,9	»	»	»
22 —	8 h., m...	6,5	9,2	14°,5	760	12,2

A l'obscurité, toutes les graines ont germé et poussé une courte radicule. *A la lumière,* il y a 5 graines germées dans le même état de développement que celles du lot précédent ; la seule graine non germée ne paraît pas altérée.

Les corrections effectuées, on a pour l'expression des volumes :

A l'obscurité..........	375,29	A la lumière..	373,78
	357,79		349,96
Dont les différences sont.	17,50	et	23,82

Bien qu'une graine n'ait pas germé dans le lot exposé à la lumière, cette expérience a une valeur incontestable. La différence considérable entre les volumes de gaz absorbés dans les deux cas, est assez prononcée en faveur de la lumière pour ne laisser aucun doute relativement à l'influence accélératrice exercée par la lumière sur l'activité respiratoire des semences, dans ce cas particulier.

Expérience 4. — Deux lots de 60 graines de *Sinapis alba,* pesant chacun 0ᵍʳ,55, sont disposés dans l'appareil précédent le 22 février.

		Obscurité V. = 400	Lumière V. = 400	Temp.	Haut.	V.
22 février,	11 h., m...	3	4,4	14°,5	760	12,2
	6 h., s...	3,6	5	»	»	»
23 —	7 h., m...	4,6	5,8	»	»	»
	4 h., s...	4,4	5,4	»	»	»
24 —	8 h., m...	5,6	7,1	»	»	»
	6 h.1/2 s..	5,4	7,1	»	»	»
25 —	8 h., m...	6,9	9,2	»	»	»
26 —	8 h.1/2 m.	7,8	11,8	12°,2	765	10,5

A l'obscurité, il y a 22 graines non germées, et sur les 38 graines, 23 ont des radicules de 3 millimètres environ; 15, des radicules de 5 millimètres à 1°,5. *A la lumière*, il y a 18 graines non germées; sur les 42 graines germées, les radicules atteignent 1 centim. à 1°,5 : le développement de ces semences est donc plus avancé que celui du premier lot.

Les corrections effectuées, on a pour l'expression des volumes :

A l'obscurité.......... 370,89   A la lumière.. 369,46
                         348,65   332,59
Dont les différences sont. 22,23   et   36,77

Bien que d'une valeur moins rigoureuse que celui des deux précédents, à cause du grand nombre de graines non germées à l'obscurité, le résultat de cette expérience semble encore en faveur de la lumière. On pourrait en effet répéter pour cette expérience le raisonnement que nous avons fait pour l'expérience 4.

Expérience 5. — Deux lots, pesant chacun 1°,25 et composés de quatre grains de Maïs, sont mis en expérience le 24 février.

		Obscurité V = 287	Lumière V = 318	Temp.	Baro.	F,
24 février.	{ midi.	2,4	2,3	15°	759	12,7
	6 h. 1/2, s.	2,4	2,5	»	»	»
25 —	8 h., m...	3,5	3,7	»	»	»
26 —	8 h., m...	4	4,4	»	»	»
27 —	8 h., m...	3,7	4,2	»	»	»
28 —	8 h., m...	4,2	4,7	»	»	»
29 —	8 h., m...	5,2	5,8	»	»	»
1er mars..	8 h., m...	5,8	6,7	»	»	»
2 —	8 h., m...	6,2	7,3	12°,5	760	10,6

A l'obscurité, 3 graines ont germé sur 4. *A la lumière*, 2 seulement; les graines non germées ne sont pas décomposées. Le développement apparent des graines germées dans les deux lots est très sensiblement identique.

Le corrections effectuées, on a pour l'expression des volumes :

A l'obscurité..........	$\overset{cc}{362,78}$	A la lumière..	$\overset{cc}{293,75}$
	250,27		275,19
Dont les différences sont.	12,51	et	18,56

Le résultat de cette expérience est analogue à celui de la précédente expérience et prête aux mêmes considérations.

Expérience 6. — Deux lots de 40 graines de *Sinapis alba*, pesant chacun 0gr,38, sont mis en expérience le 26 février.

		Obscurité V. = 400	Lumière V. = 400	Temp.	Haut.	F.
26 février, midi.....		$\overset{cc}{4,2}$	$\overset{cc}{4,2}$	14°,2	760	12
27 —	8 h., m...	4,8	4,3	»	»	»
	6 h., s...	4,2	4,8	»	»	»
28 —	8 h., m...	5,9	6,2	»	»	»
	7 h., s...	5,6	5,8	»	»	»
29 —	8 h., m...	7,2	8,9	»	»	»
	6 h., s...	6,7	8,7	»	»	»
1er avril..	8 h., m...	8,8	10,2	»	»	»
	6 h., m...	9,2	10,6	»	»	»
2 —	8 h., m...	10	11,1	12°,5	760	10,6

Au moment où l'expérience est arrêtée, le développement extérieur des graines est le suivant. *A l'obscurité*, il y a 36 graines germées, sur lesquelles 35 ont déjà leurs cotylédons étalés ; 4 graines seulement n'ont pas germé. *A la lumière*, on constate 35 germinations : 30 graines ont leurs cotylédons étalés et verdissants ; 5 ont une radicule de 2 à 5 millimètres ; enfin 5 autres n'ont pas germé.

En effectuant les corrections, on a les volumes suivants :

Pour le 1er lot........	$\overset{cc}{370,29}$	Pour le 2me lot.	$\overset{cc}{370,29}$
	339,18		332,84
Dont les différences sont..	31,11	et	37,45

à la fi de l'expérience.

Ces deux nombres diffèrent eux-mêmes de 6cc,34 en faveur du deuxième appareil, et le nombre des germinations ayant

été à peu près identique dans les deux cas, il est permis de
considérer le résultat de cette expérience comme très favorable
à l'influence de la lumière.

Expérience 7. — Deux lots, pesant chacun 0ᵍ.57 et composés de 80 graines de *Brassica napus*, sont mis en expérience
le 2 mars.

		Obscurité V = 287	Lumière V = 318	Temp.	Baro.	H.
2 mars	6 h. s.	3,6	4,9	15°	762	14,5
3 —	8 h. m.	5,2	6,9	»	»	»
	7 h.1/2.s.	4,4	6,2	»	»	»
4 —	8 h. m.	5,2	6,8	»	»	»
5 —	8 h. m.	5,5	6,9	»	»	»
	6 h. s.	4,7	6,4	»	»	»
6 —	8 h.1/2.m.	7,8	9	»	»	»
	7 h. s.	8,4	9,3	»	»	»
7 —	8 h.1/2.m.	9,7	11,5	15°,5	769	13

A l'obscurité, il y a eu 79 germinations et 1 graine non germée,
presque l'unanimité. *A la lumière*, 68 graines ont levé et
12 seulement n'ont pas germé. Le développement apparent est
à peu près identique pour toutes les graines germées dans les
deux lots.

Les corrections effectuées, on a pour expression des volumes
gazeux au commencement et à la fin de l'expérience :

A l'obscurité	264,84	A la lumière	292,59
	239,98		261,04
Dont les différences sont	24,86	et	31,55

Malgré le plus petit nombre de graines germées dans le lot
exposé à la lumière, l'absorption d'oxygène y a été cependant
bien plus active que dans le lot exposé à l'obscurité, et dans
lequel la presque unanimité de germination a été obtenue.

Expérience 8. — Deux lots composés de 5 graines de
Phaseolus multiflorus, de couleur blanche, pesant chacun
42ᵍ,80, sont disposés dans les appareils à cloche qui seront
ultérieurement décrits. L'expérience commence le 16 avril.

A. Pauchon.   11

		Obscurité V.= 1863cc	Lumière V. = 2008cc	Temp.	Haut.	F.
		cc	cc			
16 avril...	7 h., s...	3,6	4,3	17°,5	757	15
17 —	10 h., m...	4	5	»	»	»
18 —	9 h., m...	5,2	6,4	»	»	»
19 —	{ 8 h., m...	6,2	8,8	»	»	»
	{ 7 h., s...	6,4	8,8	»	»	»
20 —	{ 8 h., m...	7,6	11	»	»	»
	{ 5 h., s...	8,2	11,4	20°	763	17,36

A l'obscurité, toutes les graines ont germé : 2 ont une radicule de 6 millimètres ; 1 de 1°,5 ; 1 de 2 millimètres ; enfin, la dernière graine a rompu son spermoderme, mais la radicule fait à peine saillie au dehors. *A la lumière*, il y a 4 germinations sur 5 graines : 1 graine a une radicule de 1°,5 ; 1 de 5 millimètres ; 2 n'offrent qu'une rupture étendue du spermoderme ; quant à la cinquième graine qui ne présente encore aucun signe apparent de germination autre que le gonflement, elle est abandonnée à l'air libre sur du coton humide et germe le endemain ; elle doit donc entrer en compte dans le résultat.

En somme, le développement apparent des semences était moins accentué à la lumière qu'à l'obscurité. Cependant, les corrections effectuées, on a pour expression des volumes :

	cc		cc
A l'obscurité..........	1706,16	A la lumière	1838,57
	1592,40		1651,18
Dont les différences sont.	113,76	et	187,39

Les graines exposées à la lumière ont donc, malgré un moindre développement, absorbé 63cc,63 d'oxygène de plus que le lot placé à l'obscurité. L'unanimité de germination donne à cette expérience une valeur considérable.

§ 3. — Expériences à la lumière directe.

Ces expériences, au nombre de quatre, ayant été faites deux à deux et simultanément, je les réunirai de même dans les tableaux suivants :

Expériences 9 et 10. — Les deux couples d'appareils sont

disposés sur une même fenêtre à l'action directe de la radiation solaire. Chacun des appareils contient cinq graines de
Ricin (var. à petite graine), de poids égal à celui du lot congénère, soit 1^g,7 et 1^g,11. Les températures indiquées à la
colonne T ont toujours été prises à l'ombre.

Date des observations.	Expérience 9.		Expérience 10.				
	Obscur. V = 300	Lum. V = 301	Obscur. V = 287	Lum. V = 318	Temp.	Haut.	F
	cc	cc	cc	cc			
8 mars... 2 h., s...	4,6	5,4	9,3	7	20	767	17
18 — 9 h., m...	17,1	18,4	22,9	18,8	16,5	762	14

Au point de vue du développement extérieur, voici le résultat de ces deux expériences. Dans l'expérience 9, il y a eu
unanimité de germination dans les deux lots : *A la lumière*,
les 5 graines germées présentaient : 2, une radicule de 2 centimètres; 1, une radicule de 2^c,5; 1, une radicule de 1^c,5;
la cinquième, une radicule de 1 centimètre. *A l'obscurité*, sur
les 5 graines germées, 4 avaient des radicules de 4 centimètres
de longueur; sur la cinquième graine, la radicule faisait à peine
issue au dehors.

Pour l'expérience 10, le lot placé *à l'obscurité* avait, dans
quatre cas, des radicules de 4 centimètres environ; dans un
cas, il y avait seulement rupture du spermoderme dans toute
sa longueur et apparition de la radicule. *A la lumière*, une
graine avait une radicule de 2^c,5; 2 des radicules de 2 centimètres; 1 avait une radicule de 1^c,5; la dernière, une radicule
de 1 centimètre seulement.

Les corrections effectuées, on a pour l'expérience 9 :

	cc		cc
A l'obscurité............	263,85	A la lumière...	363,11
	295,97		292,58
Dont les différences sont..	67,88	et	69,53

Pour l'expérience 10, on a comme expression des volumes :

	cc		cc
A l'obscurité............	255,29	A la lumière...	285,92
	291,73		235,65
Dont les différences sont..	53,56	et	50,27

A. PAUCHON.

Expériences 11 et 12. — Comme dans les expériences 9 et 10, les quatre appareils ont été disposés sur la même fenêtre. Ils contiennent chacun un lot de cinq graines de Ricin (var. à petite graine), de poids rigoureusement égal à celui de leur congénère, soit $1^{gr},03$ et $1^{gr},07$. Afin d'empêcher l'action trop vive des rayons solaires directs sur les tubes noirs, je place devant l'un une planche d'une épaisseur de 1 centimètre qui intercepte complètement l'accès de la lumière directe sur le tube noir de l'expérience 11; devant le tube noir de l'expérience 12, je place une grande feuille de carton qui remplit le même office que la planchette, mais d'une manière moins complète, ainsi qu'on le verra. Les tubes éclairés sont seuls exposés à l'action directe du soleil.

| Date des observations. | EXPÉRIENCE 11. | | EXPÉRIENCE 12. | | Temp. | Haut. | F. |
	Lum. V=400	Obscur. V=400	Lam. V=318	Obscur. V=287.			
	cc	cc	cc	cc			
22 mars... 7 h., s...	3	6,8	8	6,2	17°,5	791	15
1er avril... 7 h., m...	6,8	20,3	19,8	17	17ª	757	14,4

La marche du développement extérieur des graines dans les tubes éclairés a été la suivante : Dans la soirée du 24 mars, il y avait rupture du spermoderme dans 2 graines de l'expérience 11 et 1 de l'expérience 12. Le 27, le même phénomène se produisait pour les 3 graines de l'expérience 11, et pour les quatre graines de l'expérience 12.

Au moment où l'expérience a été arrêtée, voici quel était le développement des divers lots :

Pour l'expérience 11, toutes les graines avaient germé à la lumière et à l'obscurité, les radicules avaient une longueur moyenne de 2 centimètres dans les deux lots.

Pour l'expérience 12, les 5 graines placées à la lumière avaient bien germé; elles avaient des radicules de $1^c,5$ en moyenne. Dans le lot maintenu à l'obscurité, 4 graines avaient poussé des radicules de 2 centimètres environ; la dernière n'offrait encore que la rupture du spermoderme, mais la radicule ne faisait pas encore saillie.

Les corrections effectuées, on a pour l'expérience 11 :

A l'obscurité............	362,64	A la lumière..	366,64
	342,83		285,73
Dont les différences sont ...	19,81	et	80,91

Pour l'expérience 12, les volumes obtenus sont :

A la lumière............	285,76	A l'obscurité.	258,84
	231,45		225,45
Dont les différences sont .	54,31	et	33,39

Des quatre expériences qui précèdent, deux ont donné un avantage égal aux graines exposées à l'obscurité. Cet avantage a été de 7°,35 et de 3°,29, pour les expériences 9 et 10. Dans les expériences 11 et 12, il y a eu, en faveur de la lumière, un avantage considérable de 61°,10 pour le premier cas, de 20°,92 pour le second. Toutes ces différences, ainsi qu'il est facile de s'en rendre compte par les particularités de chaque expérience, dépendent uniquement des différences dans les conditions de température.

Ces expériences n'ont pas la rigueur de celles effectuées à la lumière diffuse, car il était très difficile de se rendre compte, d'une manière précise, de la quantité exacte de chaleur reçue par chaque lot de graines. Il est évident, en effet, que si les appareils avaient été disposés de façon à recevoir la radiation solaire pendant un temps égal, les tubes noirs auraient été forcément avantagés au point de vue de la température, à cause de leur grand pouvoir absorbant. En réalité, la position occupée par chacun des appareils les a par cela même empêchés de recevoir d'une manière égale l'action directe du soleil. Néanmoins les résultats de ces expériences nous indiquent d'une manière très nette le sens général de l'influence exercée par les températures croissantes sur la respiration des graines pendant la germination.

Pour les expériences 9 et 10, la quantité maximum d'oxygène absorbé se rencontre justement dans les tubes noirs, c'est-à-dire dans ceux où la température a forcément prédo-

miné par le fait d'une absorption calorifique plus considérable. Ici l'influence de la lumière a donc été annihilée et
vaincue par l'influence de la chaleur.

Afin de rendre ce phénomène plus évident encore, j'ai
institué les expériences 11 et 12, dans lesquelles le tube noir
se trouvait seul protégé contre l'action directe du soleil par
des paravents plus ou moins épais et plus ou moins athermanes ;
le tube éclairé recevait, au contraire, toutes les radiations.
Dans l'expérience 11, où l'interception était à peu près complète et où, par conséquent, la température du tube noir se
rapprochait très sensiblement de celle de l'enceinte, il y a eu
une différence énorme dans la quantité d'oxygène absorbé par
les deux lots, en faveur du lot éclairé. Dans l'expérience 12,
où l'écran placé devant le tube noir était formé d'une simple
feuille de carton, et moins complet que dans le cas précédent,
cette différence a encore atteint un chiffre fort élevé. Je noterai enfin que le tube éclairé de l'expérience 11 occupait le
centre de la fenêtre, c'est-à-dire la position la plus avanta-
geuse au point de vue de l'accès prolongé de la radiation
solaire.

Le tableau qui suit résume ces diverses expériences avec
toutes les particularités qui m'ont paru nécessaires à l'appréciation des résultats.

§ 4. — Conclusions.

1. La loi qui se dégage tout d'abord de l'ensemble de ces
expériences, c'est que la lumière exerce une influence accélératrice plus ou moins accentuée mais constante sur l'absorption
de l'oxygène par les graines en état de germination. Toutes
les expériences faites à la lumière diffuse n'ont pas cependant
une égale valeur pour la démonstration de ce fait. Mais si
l'on peut mettre en doute la rigueur des résultats fournis par
les expériences dans lesquelles la germination n'a pas été
unanime (et nous croyons avoir démontré par quelques expériences préparatoires que ces résultats ont au moins une valeur
relative), il n'en est pas de même dans les expériences 2 et 8

NUMÉROS des expériences	NOMS des graines en expérience	Nombre des graines contenues dans chaque lot.	POIDS de chaque lot.	DATES du commencement et de la fin de l'expérience			TEMPÉRATURE au commencement et à la fin de l'expérience	VOLUME d'oxygène absorbé par le lot		DIFFÉRENCES en faveur de		NOMBRE des graines germées à		
								à l'obscurité	à la lumière	l'obscurité	la lumière	l'obscurité	à l'intér.	au dehors
1	Phaseolus vulgaris	12	12,70	25 janvier	—	2 février								1
2	Ricinus communis	6	1	3 février	—	11 février								5
3	id.	6	1,15	12 février	—	21 février								7
4	Sinapis alba	60	0,55	23 février	—	26 février								11
5	Zea mais	4	1,37	21 février	—	2 mars								21
6	Sinapis alba	45	0,28	26 février	—	1er mars								22
7	Brassica napus	90	0,57	2 mars	—	5 mars								46
8	Phaseolus multiflorus	5	12,90	16 avril	—	20 avril								5
9	Ricinus communis	15	1,97	8 mars	—	18 mars							5	5
10	id.	15	1,11	id.		1er avril							5	5
11	id.	17	1,23	24 mars	—	id.							5	5
12	id.	17	1,05										5	5

où toutes les graines ont germé. Or, l'expérience 2 a donné en
faveur de la lumière, un résultat qui s'élève au double de celui
de l'oxygène absorbé par le lot placé à l'obscurité ; de même,
dans l'expérience 8, cet avantage a atteint le tiers de la quantité d'oxygène absorbé par le lot congénère à l'obscurité.
Enfin les autres expériences et en particulier celles rapportées
sous les numéros 3, 6, 7 viennent encore confirmer la généralité de cette action de la lumière que nous retrouverons
d'ailleurs d'une manière constante dans une deuxième série
d'expériences relatées ci-après et dont plusieurs ont donné
l'unanimité de germination dans les deux lots.

2. Il existe un rapport entre le degré de l'éclairement et la
quantité d'oxygène absorbé. Ainsi, à la lumière diffuse, cette
influence accélératrice se manifeste de la manière la plus prononcée quand le ciel est très pur et que la radiation solaire
nous parvient avec son maximum d'énergie. Tel a été le cas
des expériences 2 et 8. Toutes les fois que le ciel est brumeux,
cette action s'atténue de plus en plus et disparaît si le soleil
est voilé complètement, comme dans les temps d'orage, et
qu'il y a un demi-crépuscule.

Dans toutes les expériences où le résultat final est cependant
favorable à l'action de la lumière, je me suis assuré que l'influence d'un ciel nuageux pendant douze heures se faisait toujours sentir sur la marche de l'absorption d'oxygène, de telle
sorte que la simple vue des chiffres de cette absorption notée jour
par jour, permettrait presque de connaître quel a été l'état de
l'atmosphère pendant le jour qui a précédé la détermination.
Un exemple très probant de cette action nous est fourni par
l'expérience 4 de la seconde série dans laquelle l'état du ciel
soigneusement noté avait présenté des changements très
accentués.

3. L'influence accélératrice exercée sur les graines éclairées
pendant le jour ne s'arrête pas pendant la nuit ; elle continue
de se produire à l'obscurité avec une intensité égale, parfois
même supérieure. J'en citerai comme exemples les expériences 3, 4, 6, 7, 8, où les déterminations faites deux fois

par jour, le matin et le soir, permettent de se rendre compte du fait que j'avance. Comment expliquer cette action persistante de la lumière? Une seule hypothèse est admissible : une partie de l'énergie lumineuse absorbée par la graine pendant le jour est emmagasinée par elle et dépensée pendant la nuit pour accélérer l'acte respiratoire. La preuve qu'il en est ainsi, c'est que les différences de niveau accusées le matin par les appareils obscurs sont toujours inférieures à celles que présentent les appareils éclairés. L'influence de la lumière se poursuit donc pendant un certain temps, au moins plusieurs heures, alors que cet agent a cessé d'agir ; mais d'autre part, cette influence n'est pas immédiate. C'est encore une particularité que nous avons relevée dans nos expériences. Les différences, le ciel étant supposé très clair, ne se manifestent à l'avantage de la lumière qu'au bout de une ou deux journées d'éclairement pour s'accentuer surtout vers la fin de l'expérience, c'est-à-dire à mesure que l'action de la lumière se répète de plus en plus.

4. Il est encore une autre particularité sur laquelle je dois appeler l'attention : les différences entre les quantités d'oxygène absorbé à la lumière et à l'obscurité ont été en général plus considérables au début de ces recherches que dans les expériences ultérieures et particulièrement dans celles de la deuxième série. La température me paraît être le seul élément qui ait varié dans ces expériences ; il y aurait donc coïncidence d'une activité respiratoire plus intense exercée par la lumière avec les basses températures, et cette influence s'atténuerait aux températures élevées. Ce fait serait tout à fait conforme aux nécessités physiologiques. On comprend facilement que la chaleur faisant défaut soit remplacée par la lumière qui fournit alors aux réactions respiratoires l'énergie qu'elles ne peuvent trouver dans une température insuffisante. Quand la chaleur est élevée au contraire, l'intervention de la lumière n'a plus de raison d'être, le premier agent suffisant à exciter le protoplasme des semences en germination.

5. Cette action de la lumière semble différer un peu suivant

qu'elle se produit sur les graines à albumen ou sans albumen.
Pour les graines albuminées du Ricin il y a en en général un
avantage plus prononcé en faveur du lot exposé à la lumière.
Cet avantage m'a paru moindre pour les graines sans albumen,
telles que celles de Haricot. Cependant les expériences n'ayant
pasété simultanées, certaines différences dans l'état atmosphérique pourraient être invoquées comme cause des variations
observées.

6. L'absorption plus considérable d'oxygène par les graines
sous l'influence de la lumière, donne l'explication de ce fait
que l'*asparagine*, forme de transport des matières albuminoïdes de réserve dans la germination des Légumineuses, ne
disparaît que dans les plantes exposées à la lumière et persiste
dans celles qui sont élevées à l'obscurité. Les recherches comparatives de M. Pfeffer (1) sur la composition chimique de
l'*asparagine* et des matières protéiques, ont montré que l'asparagine est plus pauvre en carbone et en hydrogène et plus
riche en oxygène que la *légumine* et les autres matières albuminoïdes. La transformation de la légumine en asparagine est
accompagnée de l'absorption d'une certaine quantité d'oxygène ; elle ne s'effectue, d'autre part, que sous l'influence de la
lumière : la raison de ce fait c'est que la lumière augmente
justement la quantité d'oxygène absorbé ; elle n'intervient
donc qu'indirectement dans cette transformation, ainsi qu'on
l'avait supposé déjà sans en connaître le motif.

7. Quelques conclusions nouvelles et importantes se dégagent encore de ces expériences et de celles qui suivent. Bien
qu'elles ne se rattachent pas directement au sujet même de
mon travail, je crois devoir les mentionner brièvement.

La quantité d'oxygène absorbé dans un même temps par
une graine qui germe, varie dans des limites très étendues suivant la température : elle augmente avec cette dernière, conformément à ce qui a été établi déjà pour la respiration des
plantes à l'obscurité. L'ensemble de mes expériences et en

(1) *Jahrb. für Wiss. Bot.*, 1872, VIII, p. 530.

particulier celles qui portent les numéros 9 et 10 ne peuvent laisser de doute à cet égard. On comprend immédiatement dans quelle erreur sont tombés les expérimentateurs qui ont cité les chiffres de cette absorption d'oxygène pour certaines graines, sans tenir compte des conditions de température. Ces nombres ne sauraient avoir aucune valeur, surtout en présence de cet autre fait que j'ai constaté à plusieurs reprises, à savoir, que la quantité d'oxygène absorbé par une graine n'est nullement en rapport avec son développement apparent, mais subit au contraire des variations considérables, qui dépendent de la somme des énergies extérieures intervenant dans le phénomène. D'après mes observations, cette quantité peut varier du simple au double et même davantage pour deux graines identiques de même poids, mais placées dans des conditions thermiques différentes depuis le commencement de leur germination jusqu'au moment de l'issue de la radicule. A ce point de vue la graine se comporte donc comme un organisme quelconque ; son activité respiratoire s'accélère ou se ralentit, dans des limites cependant physiologiques, comme celle de l'animal sous l'influence de certains changements extérieurs.

B. — INFLUENCE DE LA LUMIÈRE SUR LE RAPPORT DES QUANTITÉS D'OXYGÈNE ABSORBÉ ET D'ACIDE CARBONIQUE DÉGAGÉ PENDANT LA GERMINATION.

N'ayant envisagé dans les expériences qui précèdent que l'influence de la lumière sur la première partie de l'acte respiratoire, je dois rechercher maintenant si les variations constatées pour l'absorption de l'oxygène dans les conditions d'éclairement ou d'obscurité se produisent aussi pour la quantité d'acide carbonique émis par les semences. Je m'attacherai surtout, comme l'a conseillé M. P. Bert d'une manière générale, « à déterminer les valeurs différentes que ces circonstances donnent au rapport $\frac{co^2}{o}$ de la quantité d'acide carbonique exhalé à l'oxygène absorbé » (1). Après avoir établi qu'une graine en germant absorbe plus d'oxygène à la lumière qu'à l'obscurité, il faut savoir si le rapport entre l'oxygène et l'acide carbonique est le même dans les deux cas, ou s'il a varié et dans quel sens.

§ 1. — Appareils et méthode.

Je me suis servi, pour résoudre cette question, d'appareils très simples analogues à ceux qui ont été employés par M. Boussingault et plus récemment par M. P. Bert. Celui dont a fait usage le savant physiologiste de la Sorbonne, consiste en « une cloche tubulée reposant sur une plaque de verre rodée qui la ferme hermétiquement. Un thermomètre traverse le bouchon à côté du tube coudé qui par un petit tube de caoutchouc se relie à un autre tube coudé, lequel trempe dans de l'huile. Le niveau de cette huile et les indications du thermomètre permettent d'apprécier exactement les plus petites différences dans le volume de l'air de l'appareil. Quand l'expérience est terminée, on ferme le caoutchouc avec une pince et l'on extravase le gaz sous le mercure. L'acide carbonique est absorbé par une dissolution de potasse, et l'oxygène par l'adjonction à la liqueur alcaline d'une solution concentrée d'acide pyrogallique » (2).

Le double appareil que j'ai adopté et qui est figuré ci-après, diffère par quelques points de celui qui vient d'être décrit, et ces différences sont justifiées par la nature même du problème à résoudre. Les cloches, tout étant disposé pour l'expérience, contiennent l'une 1863 centimètres cubes, l'autre 2008 centimètres cubes en y comprenant le tube annexe jusqu'au zéro de la graduation. Un tube deux fois coudé est luté dans la tubulure avec la cire employée par les constructeurs d'instruments de physique : de ses deux extrémi-

(1) P. Bert, *Leçons sur la physiologie comparée de la respiration*, 1870, p. 499.

(2) *Op. cit.*, p. 42.

tés, l'une fait une légère saillie à l'intérieur de la cloche et l'autre se continue par une portion graduée en cinquièmes ou en dixièmes de centimètre cube. J'ai évité de me servir d'un tube en caoutchouc pour réunir le tube coudé au tube gradué, malgré la difficulté que l'on éprouve à opérer cette soudure sans accident, surtout avec des verres dissemblables. Je crois nécessaire d'agir ainsi toutes les fois que la durée des expériences doit se prolonger ; car j'ai constaté de la manière la plus nette que des tubes de caoutchouc, même assez épais et utilisés pour les analyses organiques, n'empêchent plus les échanges gazeux de se produire, si l'expérience est continuée pendant plusieurs jours. Aussi l'emploi des tubes en caoutchouc, admissible pour les expériences de courte durée comme l'ont été en général celles de M. P. Bert, me paraît-il devoir être proscrit pour les recherches analogues à celles qui suivent.

Sur la plaque rodée, on dispose d'abord un vase de verre, cylindrique, à fond plat et à bords peu élevés, contenant une forte couche de coton imbibé d'eau distillée, et sur cette couche, les graines en expérience. Un trépied en verre est placé sur ce premier vase et supporte un récipient contenant 10 centimètres cubes d'une solution titrée de potasse caustique. On place alors la cloche sur le tout, en ayant la précaution de garnir ses bords avec une petite quantité d'un mélange de cire et d'huile destiné à assurer l'imperméabilité. L'extrémité du tube gradué plonge dans un vase contenant du mercure ; afin d'empêcher que les vapeurs mercurielles se répandant dans l'appareil n'entravent la germination, on fait pénétrer dans le tube une couche d'un liquide inerte, d'eau pure par exemple ou de glycérine, destinée à séparer le mercure de l'atmosphère confinée dans l'appareil.

Il va de soi qu'une des cloches est recouverte de plusieurs couches de papier noir afin d'y maintenir l'obscurité. Les deux appareils sont placés à la lumière diffuse, l'un près de l'autre comme dans la figure. Un thermomètre suspendu entre eux donne la température moyenne de l'enceinte. La première détermination, comme dans la précédente série d'expériences, ne doit être faite que quelques heures après l'installation, surtout afin de permettre à l'air de se saturer de vapeur d'eau.

Dès que, la germination commençant, l'exhalation d'acide carbonique se produit, ce gaz est absorbé par la solution potassique, et en même temps la colonne liquide monte dans le tube gradué d'une quantité égale à celle de l'oxygène absorbé. A la fin de l'expérience l'ascension du mercure dans ce tube indiquera donc, toutes corrections faites, la quantité d'oxygène absorbé; quant à la quantité d'acide carbonique exhalé, on la dose dans la solution de potasse. Mais comme les 10 centimètres cubes de solution caustique placés dans l'appareil au début de l'expérience peuvent ne pas conserver leur volume, soit par le fait de l'évaporation d'une faible partie du liquide, soit par l'addition d'un peu de vapeur d'eau condensée, on opère de la manière suivante pour se mettre à l'abri de toute erreur provenant de ces causes.

Après avoir agité le vase contenant la solution caustique, de manière à la rendre bien homogène, on en prend 1 centimètre cube que l'on introduit dans un tube gradué de Bunsen rempli de mercure et renversé sur la cuve à mercure; on y fait réagir une certaine quantité d'acide sulfurique dilué. L'acide carbonique devient libre et déprime d'une quantité correspondante à son volume le niveau du mercure dans le tube. La quantité dont ce dernier est descendu indique, les corrections effectuées, la quantité d'acide carbonique contenu dans 1 centimètre cube de solution caustique.

On prend ensuite un autre centimètre cube de la même liqueur et l'on dose alcalimétriquement la quantité de potasse qu'il contient; puis on pratique le même dosage sur le reste de la solution potassique. Ces deux essais alcalimétriques permettent de savoir rigoureusement à quelle fraction de la quantité totale de potasse correspond 1 centimètre cube de la liqueur. Comme, d'autre part, on détermine la quantité d'acide carbonique contenue dans 1 centimètre cube de la même liqueur, on sait quelle est la quantité totale d'acide carbonique absorbée dans une expérience. L'analyse a montré que la quantité de potasse contenue dans 1 centimètre cube, était égale à 9 fois la quantité d'alcali contenue dans le reste de la solution : ce qui prouve que le volume de cette dernière n'a pas sensiblement varié. Pour terminer l'opération, il suffit de multiplier le volume corrigé d'acide carbonique contenu dans 1 centimètre cube de la solution caustique par le rapport des deux dosages alcalimétriques : on connaît ainsi le chiffre de l'acide carbonique exhalé pendant l'expérience.

Cette manière d'opérer offre des avantages incontestables au point de vue physiologique, bien que sujette à quelques causes d'erreur que je dois signaler. Celles-ci, toutefois, ne peuvent influencer le résultat qu'en l'atténuant, jamais en l'exagérant, car les chiffres trouvés sont toujours un peu inférieurs à la réalité. En effet, une petite quantité d'acide carbonique disparaît forcément, soit par la perte de l'acide libre existant dans la cloche au moment où l'on met fin à l'expérience, soit encore par la dissolution d'une petite quantité de ce gaz par le liquide placé dans le tube gradué au-dessus du mercure. Une petite quantité d'acide carbonique serait encore perdue par le fait d'une diffusion insuffisante dans le tube gradué, si l'on n'avait la précaution, à la fin de l'expérience, de faire rentrer dans ce tube de l'air par petites quantités, jusqu'à ce que le niveau du mercure soit le même à l'intérieur qu'à l'extérieur. Cette manœuvre a pour but de chasser dans la cloche les traces d'acide carbonique qui auraient pu se répandre dans la petite branche.

Enfin, dans le calcul des corrections faites pour ramener à 0 degré les volumes d'acide carbonique exhalé, j'ai substitué à la force élastique de la vapeur saline qui se produit dans le tube de Bunsen, la force élastique de la vapeur d'eau. Or la solution de potasse et d'acide sulfurique qui existe dans le tube après la réaction donne une vapeur de tension un peu inférieure à celle de la vapeur d'eau. L'erreur qui résulte de ce fait est d'ailleurs à peu près insignifiante, bien que je croie devoir la signaler.

§ 2. — Expériences à la lumière diffuse.

Les expériences destinées à déterminer le rapport $\frac{CO_2}{O}$ ont eu lieu à la lumière diffuse, afin d'assurer l'identité de température. Elles ont porté exclusivement sur deux graines de type très opposé et de germination facile : l'une oléagineuse et albuminée, le Ricin, — l'autre féculente et sans albumen, le Haricot. On mettait fin à l'expérience dès que des signes évidents de germination étaient constatés dans la cloche éclairée.

Expérience 1. — Deux lots de graines blanches de *Phaseolus multiflorus*, chacun du nombre de 4 et de même poids, 10^{gr},10, sont déposés dans l'appareil précédemment décrit.

		Obscurité V. = 1863	Lumière V. = 2008	Temp.	Haut.	F.
27 avril..	6 h., s...	4,2 cc	3 cc	19°	752	16,35
2 mai...	8 h., m...	7,1	9,6	17°	753	14,42

A la lumière, toutes les graines ont germé : 3 ont une radicule variant de 1 à 2 centimètres ; la quatrième n'offre qu'une saillie commençante de la radicule. *A l'obscurité*, 2 graines ont germé et possèdent des radicules variant de 1 à 2$_c$,5; les 2 autres n'ont pas germé et présentent un commencement de putréfaction.

Après corrections, les volumes sont :

A l'obscurité..........	1681,83 cc	A la lumière.	1826,90 cc
	1631,06		1664,72
Dont les différences sont..	50,77	et	162,18

indiquent la diminution de volume subie par l'air contenu dans chacun des appareils.

En procédant au dosage de l'acide carbonique et les corrections effectuées on a :

A l'obscurité....... 106,78 cc   A la lumière...... 83,65 cc

Le résultat obtenu à l'obscurité montre quelle quantité considérable d'acide carbonique est dégagée par les graines de Haricot en décomposition. — Le résultat obtenu à la lumière, où toutes les graines ont germé a seul un intérêt immédiat pour établir le rapport que nous cherchons.

Expérience 2. — Deux lots de graines de Ricin (var. à petite graine, composés chacun de 10 semences et pesant un poids identique, 1ᵍ,93, sont mis en expérience le 2 mai.

		Obscurité V. = 3863	Lumière V. = 3938	Temp.	Haut.	F.
2 mai..	10 h. m...	3,8	3	17	753	11,3
6 —	8 h., m...	9,5	5,6	20	759	17,36

Le temps a été couvert et pluvieux pendant la majeure partie de la durée de cette expérience.

A l'obscurité, toutes les graines ont germé ; *à la lumière*, 9 seulement sur 10. Le développement apparent est identique dans les deux cas.

En effectuant les corrections, on a pour les volumes gazeux :

A l'obscurité............ 1709,66   A la lumière. 1885,11
                        1620,28   1759,81
Dont les différences sont..   74,38   et   74,30

On obtient pour les volumes d'acide carbonique en opérant comme précédemment :

A l'obscurité 44,91   A la lumière... 46,79

Les résultats fournis par les deux lots n'ont pas une égale valeur. Celui obtenu à l'obscurité coïncide avec l'unanimité de germination ; il est évidemment très précis. — Quant au résultat observé à la lumière, il n'a qu'une valeur relative puisque 1 graine sur 10 n'a point germé, ce qui entraîne par conséquent une erreur possible de 1/10 ; elle peut cependant être utilisée, car la graine non germée ne présentait aucun signe apparent de décomposition.

Expérience 3. — Deux lots de graines de Ricin (même variété), composés chacun de 5 graines et ayant un poids identique de 2ᵍʳ,80, sont mis en expérience le 7 mai.

		Obscurité V. = 1863	Lumière V. = 2068	Temp.	Haut.	F.
7 mai..	6 h., s...	3,8	4,2	19	750	16,35
10 —	8 h., m...	9,2	10,4	16	755	13,6

A. Pauchon.   12

Au moment où j'arrête l'expérience, toutes les graines ont germé à l'obscurité et à la lumière. Leur développement est à peu de chose près identique.

Les volumes, au commencement et à la fin de l'expérience, sont :

A l'obscurité..........	1677,91	A la lumière.	1808,41
	1583,52		1687,70
Dont les différences sont..	94,39	et	121,71

expriment les volumes d'oxygène absorbés par chaque lot.

L'analyse donne pour les volumes d'acide carbonique correspondants, après correction.

A l'obscurité............ 72,79   A la lumière.... 70,38

Cette expérience a une importance majeure à cause de l'unanimité de germination obtenue dans les deux lots. Elle nous fournira les éléments les plus importants pour établir le rapport $\frac{CO^2}{O}$ en ce qui concerne les graines albuminées oléagineuses.

Expérience 4. — Deux lots composés chacun de 4 graines blanches de *Phaseolus multiflorus* et d'un poids égal (6 grammes), sont mis en expérience le 13 mai.

			Obscurité V. = 1983	Lumière V. = 2008	Temp.	Haut.	F.
13 mai..	4 h., s..		5,5	6,2	19°	759	46,35
16 mai..	9 h., m...		8	9,2	19°	757	46,35

A la lumière, toutes les graines ont germé : 2 ont des radicules de 1°,5; 1 de 1 centimètre; 1 enfin de 3 millimètres seulement.

A l'obscurité, dans deux cas, la radicule atteint 1 centimètre ; dans un autre, elle n'a que 2 millimètres ; enfin la quatrième graine n'a pas encore rompu son spermoderme, bien que sur le point de germer; elle est abandonnée sur du coton humide et dans l'après-midi elle émet sa radicule.

Ces deux expériences peuvent donc être considérées comme réunissant l'unanimité de germination, bien qu'il y eût cepen-

dant un léger retard dans le développement des graines du
premier lot.

En opérant les corrections, on a pour l'expression des
volumes :

À l'obscurité.........	1696,64	À la lumière.	1828,59
	1659,28		1775,16
Dont les différences.....	37,36	et	53,43

expriment les quantités d'oxygène absorbé dans les deux lots.

Pour les volumes d'acide carbonique absorbé, on a les
résultats suivants :

À l'obscurité......... 12,54   À la lumière...... 43,72

Malgré la légère différence de développement entre les deux
lots, les résultats de cette expérience sont précis à cause de
l'unanimité de germination dans les deux cas.

Expérience 5. — Deux lots composés chacun de 5 graines de
Phaseolus multiflorus (Haricot d'Espagne à graines blanches)
et pesant également 12ᵍ,70, sont disposés dans les appareils
le 20 avril 1880.

		Obscurité V.=1863	Lumière V.=2098	Temp.	Baut.	P.
20 avril.	9 h., s...	4,3	0	20°	763	17,36
26 —	6 h., m...	12	17,4	20°	754	17,36

Au moment où je mets fin à l'expérience, il y a *à l'obscurité*
unanimité de germination, les radicules variant de 2 à 3 centimètres de longueur. *A la lumière*, 4 graines ont germé et
présentent des radicules de 2 à 2,5 ; 1 graine n'a pas germé
et, abandonnée à l'air libre, se décompose bientôt.

Les corrections effectuées, on a pour l'expression des
volumes gazeux, au commencement et à la fin de l'expérience :

À l'obscurité.........	1698,96	À la lumière.	1829,76
	1519,31		1518,75
Dont les différences sont.	179,35	et	311,01

représentant le chiffre de l'oxygène absorbé par chaque lot.

Je procède ensuite au dosage de l'acide carbonique contenu dans la solution potassique par la méthode sus-indiquée et j'obtiens les chiffres suivants après avoir effectué les corrections nécessaires :

A l'obscurité...... $185{,}45$ A la lumière..... $238{,}63$

L'unanimité de germination n'ayant existé que pour le lot exposé à l'obscurité, le rapport $\frac{CO_2}{G}$ n'est précis que pour cette partie de l'expérience.

Expérience 6. — Deux lots composés chacun de 8 graines de *Phaseolus vulgaris* (var. Coco noir), et pesant également $3^{gr}{,}80$, sont mis en expérience le 16 mai.

		Obscurité V = 1803	Lumière V = 2008	Temp.	Haut.	F.
16 mai...	7 h. 1/2,s.	5,7	7,2	22°.5	757	20
21 —	10 h., m...	11,2	17,2	19°	760	16,35

A la fin de l'expérience, il y a *à l'obscurité* 3 graines plus ou moins décomposées et 5 graines germées dont 3 ont des radicules de 2 à 3 centimètres et dont deux ont seulement rompu leur enveloppe. *A la lumière*, il y a deux graines décomposées et 6 graines germées dont 3 avec des radicules de 2 à 3 centimètres et 3 avec rupture du spermoderme.

Après correction, on a pour l'expression des volumes gazeux au commencement et à la fin de l'expérence :

A l'obscurité..........	1663,71	A la lumière.	1792,26
	1552,51		1576,01
Dont les différences sont..	111,20	et	216,25

exprimant la diminution du volume gazeux dans chacun des deux appareils.

Procédant au dosage de l'acide carbonique, j'obtiens les chiffres suivants :

A l'obscurité............. $93{,}36$ A la lumière. $102{,}04$

Je n'ai mentionné cette expérience qu'à titre de document pour montrer quelles quantités considérables de gaz sont ab-

sorbées ou exhalées par les graines en décomposition, et particulièrement quelle influence semblent exercer sur la rapidité
de la putréfaction certaines conditions spéciales. Le lot placé
à la lumière a absorbé 216°,25 d'oxygène et exhalé 102°,04
d'acide carbonique, tandis que le lot abandonné à l'obscurité
n'a absorbé que 111°,20 d'oxygène et exhalé 93°,56 d'acide
carbonique. Cependant les graines décomposées n'étaient
qu'au nombre de 2 dans le premier lot, tandis qu'il y en avait
3 dans le second. Il y a lieu de rapprocher ce fait de l'expérience 1 où la présence de 2 graines décomposées à l'obscurité s'est manifestée par une absorption de 50 centimètres
cubes d'oxygène et par un dégagement de 106°,78 d'acide
carbonique, alors qu'à la lumière où il y avait eu unanimité de
germination on constatait une absorption de 162°,18 d'oxygène et un dégagement de 82°,65 d'acide carbonique. Il est
donc permis d'affirmer, d'après ces deux expériences, que la
lumière et l'obscurité exercent l'une et l'autre une influence
particulière sur la décomposition des graines amylacées, la
première en augmentant l'absorption d'oxygène, la seconde
en accélérant l'exhalation d'acide carbonique.

Étant données les perturbations considérables que la présence d'une seule graine décomposée suffit à introduire dans
les résultats, on est forcément conduit à rejeter d'une manière
absolue toutes les expériences dans lesquelles l'unanimité de
germination n'a pas été obtenue. Cette nécessité est encore
plus impérieuse dans le cas particulier que pour la précédente
série. Aussi ne s'étonnera-t-on pas que je n'aie rapporté ici que
cinq expériences, dont deux avec unanimité de germination
dans les deux lots et trois avec unanimité dans un lot seulement. Je n'ai pu obtenir de résultats précis que dans ces cinq
cas, malgré le grand nombre d'expériences que j'ai tentées.
Tous ceux qui ont quelque pratique de ces sortes de recherches savent quelle difficulté il y a à réaliser cette unanimité
de germination abandonnée pour ainsi dire au hasard, malgré
les précautions les plus minutieuses apportées dans le choix
des graines et l'installation des expériences. Toutefois, malgré

leur petit nombre, ces faits me semblent fournir les éléments d'une conclusion rigoureuse, au moins pour les limites de temps et de température dans lesquelles j'ai opéré ; car elles sont à l'abri de la cause d'erreur liée à la non-germination ou à la décomposition d'une ou de plusieurs graines, cause d'erreur qui entâche de nullité la presque totalité des résultats mentionnés dans les différents travaux consacrés à ces dosages.

Le tableau qui suit résume les résultats des cinq expériences qui viennent d'être relatées ; les chiffres ne coïncidant pas avec l'unanimité de germination ont été considérés comme nuls.

N° des expériences.	NOMS des graines en expérience.	Nombre des graines.	POIDS du lot.	VOLUME d'oxygène absorbé par le lot placé à		VOLUME d'acide carbonique exhalé par le lot placé à		RAPPORT $\frac{CO_2}{O}$ à	
				la lumière.	l'obscurité.	la lumière.	l'obscurité.	la lumière.	l'obscurité.
			gr.	cc.	cc.	cc.	cc.	cc.	cc.
1	Phaseolus multiflorus........	5	10,10	162,18	Nul.	83,65	Nul.	0,514	Nul.
2	Ricinus communis..........	10	1,93	Nul.	71,38	Nul.	41,94	Nul.	0,586
3	Ricinus communis..........	15	2,80	121,71	94,39	70,88	72,79	0,578	0,771
4	Phaseolus multiflorus......	4	6	53,13	37,36	43,72	42,54	0,823	1,138
5	Phaseolus multiflorus.......	5	42,7	Nul.	179,35	Nul.	185,45	Nul.	1,034

§ 3. — Conclusions.

Les expériences 3 et 4 ont une valeur rigoureuse pour les solutions du problème agité de cette partie de mon travail ; quant aux résultats partiels fournis par les expériences 1, 2, 5, leur précision ne peut être mise en doute : aussi les ferai-je intervenir à titre de documents confirmatifs. Je dois rappeler que les chiffres obtenus pour le dosage de l'acide carbonique sont, par suite de particularités inhérentes à la méthode et déjà mentionnées, un peu plus faibles qu'en réalité. Mais comme cette atténuation presque insignifiante se retrouve dans tous les dosages ; il en résulte que ces nombres restent toujours comparables, bien que le rapport $\frac{CO_2}{O}$ en soit diminué d'une quantité infiniment petite. Enfin j'ajouterai que les conclusions qui suivent ne peuvent s'appliquer qu'à l'ensemble des conditions au milieu desquelles ont été faites mes expériences.

1. Je noterai d'abord que les expériences 3 et 4 confirment de la manière la plus nette le fait général de l'influence accélératrice exercée par la lumière sur l'absorption de l'oxygène. Mais ces expériences ayant eu lieu par une température moyenne plus élevée, la différence d'oxygène absorbé à la lumière et à l'obscurité est généralement moindre que dans la première série.

2. Quant à la quantité absolue d'acide carbonique exhalé à la lumière et à l'obscurité, elle a été pour les graines de Ricin un peu plus grande à l'obscurité qu'à la lumière ; le fait inverse s'est produit pour les graines de Haricot d'Espagne. D'où l'on pourrait conclure que l'influence de la lumière se traduit sur la germination du Ricin par des effets doublement favorables, en augmentant l'absorption d'oxygène et en diminuant l'exhalation d'acide carbonique, en accroissant le gain en oxygène, en réduisant la dépense en carbone et en oxygène. (On ne doit point en effet oublier dans cette exposition que l'acide carbonique contient son volume d'oxygène.) A ce point de vue spécial, le Haricot semble moins favorisé que le Ricin, bien que l'excès de la quantité d'acide carbonique exhalé par le lot placé à la lumière comparativement à son congénère maintenu à l'obscurité, soit presque insignifiant.

3. A l'obscurité, le rapport $\frac{CO^2}{O}$, fixé d'après quatre résultats répartis en nombre égal entre les graines de Ricin et celles de Haricot, a été, pour cette dernière graine, supérieur d'au moins un tiers à celui constaté pour le Ricin. La durée de l'expérience me paraît avoir eu une certaine influence sur le chiffre de ce rapport. Ainsi pour le Ricin, il atteint 0,586 pour l'expérience 2, dont la durée a été de quatre jours environ et 0,771 pour l'expérience 3 qui n'a été suspendue qu'après cinq jours. De même pour le Haricot, ce rapport est de 1,138 pour l'expérience 4 terminée le quatrième jour, et 1,034 pour l'ex-

périence 5 prolongée jusqu'au sixième jour. En résumé, la prolongation de l'expérience tend à rendre la relation $\frac{CO_2}{O}$ égale à l'unité. Avec la durée de l'expérience, cette relation s'élève dans le cas où elle est inférieure à 1, elle diminue au contraire si elle lui est supérieure, jusqu'au moment de la période végétative proprement dite, pendant laquelle peut être atteint ce rapport limite pour lequel les quantités d'oxygène absorbé et d'acide carbonique dégagé s'équilibrent complètement.

4. A la lumière, le rapport $\frac{CO_2}{O}$ a été, pour le Haricot, supérieur d'un tiers environ à ce même rapport pour le Ricin. Mais le chiffre obtenu pour sa valeur dans l'expérience 2 est très inférieur à celui constaté dans l'expérience 5. La raison de cette différence me semble résider encore dans la durée de cette expérience et sa prolongation jusqu'à l'approche de la phase végétative. Cette hypothèse est justifiée par le détail des expériences 1 et 4 dont la première a duré six jours et la seconde moins de quatre jours.

5. En comparant le rapport $\frac{CO_2}{O}$ dans une même expérience à la lumière et à l'obscurité, on voit qu'il y a toujours une différence d'un quart dans la valeur de ce rapport en faveur de l'obscurité ou, en d'autres termes, que pour une même quantité d'oxygène absorbé la graine placée à l'obscurité exhale plus d'acide carbonique que celle maintenue à la lumière; parfois même, comme nous l'avons fait observer pour l'expérience 3, la quantité absolue d'acide carbonique exhalée à la lumière est inférieure à celle exhalée à l'obscurité. Enfin, tandis qu'à la lumière, l'acide carbonique dégagé est toujours en quantité notablement moindre que l'oxygène absorbé, le contraire se produit à l'obscurité où le chiffre de l'acide carbonique peut même dépasser celui de l'oxygène comme on le constate dans l'expérience 4, pour laquelle l'absorption de 37 ,36 d'oxygène correspond à une exhalation de 42^{cc},54 d'acide carbonique.

6. Au point de vue de l'influence exercée sur le rapport $\frac{CO_2}{O}$ par la nature même de la graine et pour les conditions de

lumière et d'obscurité, il suffit de se reporter aux développements qui précèdent pour constater les différences assez nettes qui séparent la graine albuminée et huileuse du Ricin de la semence non albuminée et féculente du Haricot.

7. Les faits qui précèdent complètent l'explication déjà indiquée de la transformation de la *léymaine* en *asparagine* sous l'influence de la lumière. En effet, l'absorption d'une plus grande quantité d'oxygène par la graine exposée à la lumière, ne peut assurer la formation de l'*asparagine* qu'autant que le chiffre de l'acide carbonique exhalé est inférieur à cette quantité, puisque l'*asparagine* est moins riche en carbone et plus riche en oxygène que la *léymaine* ; on trouve toutes les conditions favorables pour cette formation réalisées dans les résultats de l'expérience 4 pour le lot exposé à la lumière. Il est très probable qu'une fraction de l'oxygène disparu qu'on ne retrouve pas à l'état d'acide carbonique a été fixée par des principes albuminoïdes au moment où ils forment de l'*asparagine*, et l'on sait, d'autre part, que cette matière semble se former dans la plupart des graines en germination.

Cette fixation de l'oxygène pendant le phénomène germinatif est plus considérable encore pour la graine de Ricin que pour celle de Haricot. La graine huileuse semble donc mieux douée par la nature au point de vue physiologique.

8. On pourrait être tenté de comparer le rapport $\frac{C}{O}$ obtenu dans la germination avec ce même rapport pendant la végétation. Mais ce chiffre pour la période végétative, n'a été établi d'une manière précise qu'à l'obscurité, condition tout à fait anormale pour la vie des plantes vertes. Comme, d'autre part, il est impossible de doser avec rigueur la quantité d'oxygène absorbé et d'acide carbonique dégagé par une plante placée à la lumière et dans des conditions physiologiques, on comprendra que nous nous abstenions de tout parallèle, jusqu'au moment où l'on possédera les éléments nécessaires pour l'établir.

9. L'ensemble des faits qui précèdent me conduit à penser que les graines des plantes sauvages qui germent à la lumière

sont, toutes les autres circonstances égales d'ailleurs, mieux partagées que les semences des plantes cultivées; qu'elles possèdent une plus grande activité germinative, avantage qui augmente leurs chances de développement ultérieur.

CHAPITRE III

RÔLE DE LA COLORATION DES GRAINES DANS LA GERMINATION

Les recherches qui précèdent n'ont eu pour but que de déterminer l'influence de la lumière sur les échanges respiratoires pendant la germination; elles nous ont conduit à affirmer que, d'une manière générale, la lumière accélère la respiration u protoplasme séminal. Mais le problème est plus complexe encore, et des distinctions doivent être établies afin de pénétrer plus avant dans 'intimité du phénomène.

Il est vraisemblable que le protoplasme contenu dans les diverses graines doit se comporter, sous l'influence d'un même agent, d'une manière analogue, puisque cette substance fondamentale, cette base physique de la vie, comme l'appelle Huxley, est, à peu de chose près, toujours semblable à elle-même. Mais dans la semence, le protoplasme n'est jamais exposé à l'influence directe de la lumière comme celui des tissus verts; il est entouré d'une enveloppe extérieure, le spermoderme, presque complètement opaque et dans laquelle se rencontrent des pigments variés donnant aux graines leurs diverses colorations. Il en résulte que, dans les conditions naturelles, la lumière ne frappe jamais directement la partie vraiment vivante de la graine, et que le protoplasme n'est influencé que d'une manière indirecte, tant que le spermoderme n'est pas rompu. Si dans quelques cas les radiations solaires peuvent traverser cette enveloppe et atteindre l'embryon lui-même, ce n'est qu'après avoir été tamisées par l'écran pigmentaire. Il est vrai que dès l'apparition de la radicule les conditions d'influence de la lumière se trouveront modifiées : cet agent continuera d'agir indirectement sur la graine elle-même comme auparavant, mais exercera une action directe sur les organes embryonnaires déjà apparents au dehors.

A. — ÉTUDE PHYSICO-CHIMIQUE DES COLORATIONS TÉGUMENTAIRES DES GRAINES.

L'existence constante de colorations variées dans les enveloppes des graines rend inutiles les recherches qui pourraient être faites en vue de déterminer l'action de tel ou tel élément du spectre sur la respiration des semences normales en voie de germination. Pour que cette étude fût possible, il faudrait que la radiation pût agir directement sur le protoplasme séminal mis à nu : dans ce cas seulement, les résultats obtenus seraient comparables. Il est présumable que cette expérience pourra être réalisée avec succès sur des graines dépouillées de leur spermoderme. Mais dans les conditions physiologiques auxquelles je limite cette étude, les radiations solaires ne peuvent agir sur l'embryon qu'à la condition d'être absorbées, et cette absorption est elle-même liée à la nature de la coloration tégumentaire de la graine. En faisant agir successivement sur le spermoderme chacune des couleurs du spectre, on obtiendrait le résultat suivant : ou la couleur employée serait absorbée par le tégument et agirait, ou bien, réfléchie ou diffusée, resterait sans action.

Dans ces conditions particulières, la méthode générale, seule capable de nous conduire à la solution du problème, consistera dans l'étude des caractères physico-chimiques e en particulier, des spectres d'absorption des solutions de ces divers pigments. On saura ainsi quels sont les rayons absorbés par chacun d'eux et, par conséquent, quels sont ceux qui ont une action sur la respiration des semences. Ce point préliminaire une fois élucidé, des expériences directes permettront de vérifier si les résultats de cette première recherche et les prévisions théoriques qui en découlent coïncident avec les faits expérimentaux.

Les couleurs des graines reconnaissent deux causes : une

cause générale émanée de l'énergie universelle et qui n'est autre que la lumière elle-même, et une cause prochaine anatomique, qui réside dans le mode particulier de pigmentation inhérent à chacune d'elles. Nous les étudierons successivement.

Au point de vue optique, les couleurs des graines, comme celles de tout objet coloré, ne sont pour nous que la manifestation subjective de l'action spéciale exercée par la lumière blanche sur les pigments du spermoderme et des degrés divers d'absorption dont cette enveloppe est douée à l'égard des rayons élémentaires du spectre solaire. En d'autres termes, les semences reçoivent, avec la lumière blanche, la somme de toutes les couleurs possibles, et leur action, comme cele des corps naturels, se borne à filtrer cet ensemble de rayons, à s'approprier certains d'entre eux et à rejeter les autres.

Quand la lumière blanche tombe sur une graine, elle se divise en deux parties : l'une est réfléchie par la surface du spermoderme, surtout quand ce dernier est lisse et brillant, elle est de même couleur que la lumière incidente; l'autre pénètre dans la couche épispermique, et c'est du traitement qu'elle y subit que dépend la couleur de la graine. En analysant l'action des pigments sur la lumière, comme l'ont fait plusieurs physiciens de notre époque, on voit que ces pigments sont composés de particules mélangées à un véhicule : ces particules séparées par des espaces infiniment petits ne sont pas optiquement continues, suivant l'expression de Tyndall. Or, « partout où la continuité optique est rompue, il y a réflexion de la lumière incidente. C'est la multitude des réflexions par les surfaces limites des particules qui empêche la lumière de passer à travers le verre ou le sel de roche, quand ces substances transparentes sont réduites en poudre. La lumière ici est épuisée par une multitude d'échos et éteinte par une véritable absorption.... Ces particules prises séparément sont transparentes, mais elles sont pratiquement opaques quand elles sont mêlées ensemble. Dans le cas des pigments donc, la lumière est réfléchie par les surfaces limites des particules.

La réflexion est nécessaire pour renvoyer la lumière à l'œil ; l'absorption est nécessaire pour donner au corps sa couleur » (1). Tel est aussi le mécanisme optique de la coloration des fleurs.

Examinons maintenant quel rapport existe entre la couleur des graines et leur capacité d'absorption pour la chaleur. Les expériences de Franklin, confirmées par celles de Melloni et de MM. Masson et Courtépée, ont conduit les physiciens à admettre que les couleurs les plus foncées sont douées du pouvoir absorbant le plus considérable, et que les couleurs les plus claires ne possèdent cette propriété qu'au degré le plus faible. Bien que Tyndall ait démontré que le pouvoir absorbant calorifique est lié à la nature chimique des corps bien plus qu'à leurs conditions physiques, cependant la loi générale posée par Franklin n'en reste pas moins applicable quand il s'agit de corps analogues par leur structure intime et leur composition chimique : tel est le cas des enveloppes de la graine. D'après la théorie, les graines à spermoderme noir et mat devraient, comme le noir de fumée, absorber indistinctement toutes les radiations, quelle que soit la durée de leur période de vibration, quel que soit le rang qu'elles occupent dans le spectre, et les transformer en chaleur statique ; de même, les graines blanches devraient réfléchir toutes les couleurs élémentaires sans exception ; de même aussi, les graines douées d'autres colorations devraient absorber les rayons complémentaires de la couleur qu'ils présentent. Mais en réalité il n'en est pas ainsi, et les couleurs naturelles ne sont jamais pures, comme l'a démontré M. Helmholtz : par exemple, une poudre bleue ou jaune donne non seulement passage au bleu ou au jaune, mais aussi à une portion du vert adjacent. L'étude des spectres d'absorption des principaux pigments des semences de Légumineuses me permettra de confirmer cette observation de l'illustre physicien.

Quoi qu'il en soit d'ailleurs, on peut affirmer d'avance que

(1) Tyndall, *La lumière*, trad. Moigno, p. 36.

la coloration constitue pour la graine un état physique particulier qui la place dans des conditions plus ou moins favorables pour emmagasiner la force vive du soleil ; il me paraît
donc évident *à priori*, ainsi que je l'ai avancé au début de ce
travail, que les diverses couleurs des graines, chez les Phanérogames, ne doivent pas être indifférentes à la physiologie de
la germination, et il y a lieu de s'étonner que leur étude n'ait
jamais attiré l'attention des botanistes. C'est ainsi que, dans un
article très récent sur les colorations des végétaux, l'auteur
n'a même pas fait mention de la coloration des semences.
M. de Lanessan, parfois un peu prodigue envers autrui de critiques plus ou moins fondées, nous permettra certainement de
lui signaler cette lacune regrettable. On devine cependant quel
intérêt spécial offre cette question, étant donnée la situation
des graines au milieu du verticille central, mieux protégées,
par conséquent, qu'aucun autre organe végétal coloré contre
l'action de la lumière. Cette particularité avait frappé Sene-
bier : « Les graines, dit-il, sont presque les seules parties des
plantes colorées de vives nuances à l'abri de la lumière ; » il
ajoute : « elles ont même des couleurs qu'on ne voit pas dans
les fleurs ; les plus communes dans celles-ci sont les plus rares
dans les graines (1) », et il cite plusieurs faits à l'appui de cette
opinion qui est d'ailleurs parfaitement justifiée.

En ce qui concerne l'anatomie des enveloppes séminales
envisagées au point de vue qui nous occupe, je ne mentionnerai
que les recherches de M. Poisson sur le siège des matières
colorées dans les graines et sur les causes des colorations tégumentaires. Ce botaniste a suivi le développement des divers
éléments de la graine et acquis la certitude « que la coloration
tégumentaire, loin d'être toujours due aux mêmes causes, est
tantôt produite par un épaississement de la membrane des cellules, tantôt par une modification de celles-ci ; ou bien encore
par un dépôt de matières colorantes dans leur intérieur » (2).

(1) *Phys. vég.*, t. II, p. 155.
(2) *Bull. Soc. bot.*, 1877, session de Corse, p. 12, et *passim* dans les numéros suivants.

Mes recherches personnelles ont porté sur les colorations tégumentaires des graines dans les diverses variétés de *Phaseolus vulgaris*, où se trouve réalisée presque toute la gamme des couleurs, excepté le bleu. J'ai choisi les types à couleur uniforme et bien tranchée, tels que le noir, le blanc, le violet, le rouge, le jaune chamois, le jaune nankin, le jaune verdâtre ; enfin j'ai étudié comparativement des graines de même espèce en voie de développement et encore vertes.

Examinés au microscope sur une coupe perpendiculaire à leur surface, les téguments de ces diverses graines offrent, à l'état sec, une disposition histologique constante et uniforme. La couche la plus superficielle est constituée par un plan de cellules lagéniformes dont le fond évasé, reposant sur une seconde assise de cellules aplaties, contient toujours, sauf pour les graines blanches, un pigment granuleux de coloration foncée, très réfringent, soluble dans l'eau, insoluble dans l'éther, mais très soluble dans l'alcool, non toutefois d'une manière complète. Sur les graines sèches macérées dans l'eau pendant vingt-quatre heures, les granulations pigmentaires baignent dans un liquide coloré par une certaine quantité de pigment dissous. J'avais pensé d'abord qu'il en était de même sur les semences à l'état frais ; mais des observations répétées m'ont démontré que ce pigment, au moins pour les graines noires ou violettes de diverses nuances, est liquide et non granuleux. Quant aux réactions obtenues sous le microscope par l'emploi des divers réactifs acides ou alcalins, elles sont identiques à celles qu'offrent les teintures de ces pigments et qui sont rapportées plus loin avec détail.

Seules, les graines blanches sont dépourvues de pigment comme les pétales de même couleur. Dans ce cas, les cellules lagéniformes contiennent de l'air, ainsi qu'il est aisé de le démontrer par l'addition d'une goutte d'alcool qui envahit immédiatement la cavité des cellules, en chasse l'air sous forme de bulle et donne à la préparation une transparence complète. Les téguments des graines blanches n'offrent d'ailleurs que des caractères négatifs sous l'influence des réactifs acides ou alcalins. Je dois dire incidemment que M. Van Tieghem (1) avait déjà reconnu la présence de l'air confiné dans les diverses parties de la graine et en particulier dans l'épaisseur du tégument, mais sans signaler, à ma connaissance du moins, la corrélation existant entre la présence de l'air dans les cellules du spermoderme et la couleur blanche des graines. Cette dernière particularité était de nature à faire supposer que les graines blanches devaient contenir plus d'air que les graines noires par exemple. En faisant passer successivement dans le vide barométrique deux lots égaux en poids, composés chacun de 15 graines de *Phaseolus vulgaris*, les unes noires, les autres blanches, j'ai constaté un dégagement de 1^{cc},6 d'air dans chaque expérience. Cette identité de résultat permet de supposer que dans les graines noires, la quantité d'air contenue dans les parties charnues de l'embryon est plus considérable que pour les graines blanches où l'air prédomine, au contraire, dans les parties tégumentaires.

Au point de vue chimique, j'ai étudié particulièrement les pigments des haricots noirs, violets et jaunes, quelques expériences préliminaires m'ayant démontré que les teintures alcooliques préparées avec des graines de diverses couleurs, depuis le violet jusqu'au rouge le plus atténué, offraient les mêmes caractères généraux, et que, de même, les extraits alcooliques de tous les pigments jaunes, depuis le jaune nankin très faible jusqu'au jaune vert ou au jaune chamois, offraient une similitude complète de caractères chimiques.

Les *téguments des haricots noirs* donnent, après une macération de 24 heures dans l'alcool, une solution rouge vineuse qui fournit à l'examen spectral deux bandes d'absorption faibles, l'une entre 100 et 105, l'autre entre 118 et 123 (spectroscope de Duboscq, la division 100 répond à la raie D). Cette solution additionnée d'alcool offre les mêmes caractères spectroscopiques, mais plus nettement accentués.

La liqueur primitive acidulée avec une ou deux gouttes

(1) *Ann. sc. nat.*, 1875, t. I.

d'acide chlorhydrique prend une magnifique coloration carmin violet rappelant celle de la fuchsine ; elle donne alors au spectroscope une absorption complète du côté du violet avec empiétement jusqu'à 95. Si la solution ainsi traitée est étendue d'alcool d'une manière progressive, l'absorption se limite successivement entre 98 et 145, 100 et 135, 103 et 128 ; enfin avec une nouvelle addition d'alcool, le spectre réapparaît complétement, excepté entre 105 et 118 où il existe une bande d'absorption assez marquée mais peu limitée sur les bords.

La solution primitive prend instantanément par l'action d'une ou deux gouttes d'ammoniaque une coloration verte analogue à celle de la bile ou des sels de nickel, et offre alors au spectroscope une bande d'absorption située dans le rouge entre 80 et 90. Cette liqueur alcaline traitée par l'acide chlorhydrique reprend sa coloration rouge fuchsine et revient au vert jaune par une nouvelle addition d'ammoniaque. À ce dernier état, la liqueur absorbe le spectre tout entier, excepté le rouge. Cette teinture pigmentaire est douée à l'égard des acides et des bases d'une sensibilité au moins égale à celle du tournesol et pourrait lui être substituée sans désavantage.

Le *spermoderme des haricots violets* fournit une solution alcoolique légèrement rosée dont les caractères physico-chimiques sont très analogues à ceux de la liqueur préparée avec les haricots noirs. Son spectre d'absorption est semblable à celui de ce dernier pigment, mais n'est complet qu'à partir de 120.

L'acide chlorhydrique donne à cette solution une coloration rouge de fuchsine accompagnée d'une absorption complète à partir de 105. Par l'ammoniaque seule, puis additionnée d'acide chlorhydrique, les réactions sont identiques à celles citées précédemment.

Ces caractères démontrent que le pigment violet est identique au pigment noir, dont il ne diffère que par la quantité de matière colorante : il en est de même de toutes les autres variétés, depuis le violet tendre jusqu'au violet le plus intense.

Le *pigment des graines jaunes* se dissout dans l'alcool en lui communiquant une couleur jaune paille : ce liquide absorbe faiblement le spectre depuis 130 jusqu'au violet, mais sans bandes nettes ; il se décolore légèrement sous l'influence de l'acide chlorhydrique et n'offre plus alors aucun caractère au spectroscope.

Si la liqueur préalablement traitée par l'acide chlorhydrique est additionnée de quelques gouttes d'ammoniaque, sa couleur s'avive et le spectroscope décèle une forte absorption du côté du violet depuis 125, mais sans bandes distinctes. Traitée immédiatement par l'ammoniaque, la liqueur prend une coloration plus accentuée, analogue à celle de la teinture alcoolique primitive ; mais les caractères spectroscopiques ne diffèrent pas des précédents.

Chose singulière ! les caractères qui ont été décrits comme particuliers à la xanthine sont loin d'être identiques à ceux que nous offre le pigment jaune des haricots. S'il y a analogie dans l'action de l'alcool et de l'éther, il n'existe aucune ressemblance en ce qui concerne l'action des acides et des bases. Ce pigment jaune n'aurait donc pas la même origine que la xanthine ?

Les teintures alcooliques de haricots noirs ou jaunes abandonnées à elles-mêmes pendant trois mois dans un flacon bouché, rempli au tiers et exposé à la lumière, n'ont pas changé de couleur, comme le font la plupart des matières colorantes végétales.

Au bout de cinq mois, la teinture de pigment noir s'est décolorée en partie et a pris une teinte jaune rougeâtre. A cet état, elle ne donnait plus aucune absorption au spectroscope. cependant les réactions par l'acide chlorhydrique et par l'ammoniaque étaient identiques à celles constatées au début ; les spectres d'absorption n'avaient éprouvé aucune modification.

Au bout du même temps, la solution alcoolique de pigment jaune n'a pas changé de couleur. Toutes ses réactions et tous ses caractères optiques persistent sans la plus légère modification.

Enfin, les téguments des graines noires et jaunes traités par l'éther ont laissé déposer, au bout de quelque temps, une matière brun noirâtre dans le premier cas, brun jaunâtre dans le second, qui s'est précipitée en gouttelettes d'apparence huileuse. Il est à noter que la même particularité a été mentionnée tout récemment par M. Flahault (1) dans la réaction de l'éther sur la xanthine, et ce botaniste semble porté à voir dans cette matière une substance grasse. En ce qui concerne le composé fourni par les téguments des *Phaseolus*, je crois pouvoir affirmer qu'il ne s'agit pas d'un corps gras, bien que je n'en aie point fait l'analyse organique. Si en effet on laisse évaporer lentement à l'air libre et sans chauffer, le liquide éthéré où s'est précipitée cette substance, on obtient un résidu solide de teinte plus ou moins foncée suivant les graines dont il a été extrait. Ce résidu ne tache pas le papier et présente la consistance, l'odeur aromatique et les caractères extérieurs des substances résineuses.

L'ensemble de ces particularités permet de penser que ces matières colorantes, et surtout celles des haricots jaunes, sont portées au terme extrême de l'oxydation. Il existe, d'autre part, une profonde dissemblance entre leurs propriétés physicochimiques et celles de la chlorophylle. Enfin, la persistance de leurs caractères optiques et chimiques après un long séjour à la lumière en présence de l'air, contraste singulièrement avec la facile altération de la matière verte dans les mêmes conditions. Il paraît donc impossible, au point de vue physico-chimique, d'établir entre ces divers pigments et la chlorophylle un lien quelconque basé sur l'ensemble des caractères, ou du moins la matière verte a été si profondément modifiée par une série de transformations qui nous échappent, que nous ne pouvons préjuger aucune filiation entre ces diverses substances.

Cependant l'examen du spermoderme des graines de *Phaseolus vulgaris*, de *Vicia Faba*, de *Pisum sativum*, en voie de développement, m'a permis de constater que les cellules lagéniformes étaient, dans le jeune âge, remplies d'un liquide contenant de très nombreux grains de chlorophylle. Il ne faut point

(1) *Ann. sc. nat.*, 6e série, t. IX, p. 163.

évidemment se hâter de conclure de cette coïncidence de siège
à une phase différente de la vie, à une identité d'origine entre
ces pigments et la chlorophylle elle-même. Cependant ce fait
serait favorable à l'idée qu'il existe peut-être entre les corpus-
cules verts et les granulations pigmentaires qui prennent leur
place à l'état adulte, un lien organogénique qui nous est encore inconnu. Malgré les recherches que j'ai faites pour éclaircir ce point intéressant, je n'ai jamais constaté la présence
simultanée du pigment et de la chlorophylle dans la même
cellule lagéniforme. Toutes les fois que le pigment y existait,
même en faible quantité, la chlorophylle faisait défaut et ré-
ciproquement.

J'ai tenté de rattacher chimiquement la coloration des
graines de *Phaseolus* à celles de la corolle de quelques espèces,
et examiné comparativement à ce point de vue, les matières
colorantes des pétales de coquelicot et de mauve. Ces dernières,
contrairement à ce qu'on observe pour celles des graines de
Phaseolus, sont à peine solubles dans l'alcool, mais très solubles dans l'eau.

La solution alcoolique obtenue avec les pétales de mauve
présente au spectroscope la raie caractéristique de la chlorophylle. Quant à la solution aqueuse, elle donne une large
bande d'absorption de 90 à 150, bande qui est complètement
noire de 100 à 140. Par des additions d'eau successives à cette
solution, on voit la bande se rétrécir, entre 100 et 130, devenir
de plus en plus faible et se limiter enfin entre 116 et 125. Par
l'acide chlorhydrique, la solution aqueuse prend une couleur
rouge fuchsine tout à fait identique à celle obtenue avec la
teinture de pigment des graines noires ou violettes. L'addition
de quelques gouttes d'ammoniaque donne au liquide acidulé
une belle couleur bleue à fond violet, et l'on constate alors une
absorption très intense sous forme de bande entre 80 et 120.
Par addition d'eau, la bande se limite et persiste entre 95
et 105.

La solution aqueuse de coquelicot ne donne rien par l'acide
chlorhydrique, mais sous l'influence de l'ammoniaque elle

prend une coloration violette à fond rougeâtre assez faible ; au spectroscope, même bande d'absorption très étendue qui diminue par dilution successive et s'arrête entre 80 et 105.

On ne trouve point dans les faits qui précèdent des caractères suffisants pour rapprocher les pigments de la corolle de ceux du spermoderme, malgré quelques analogies de réaction.

Ces pigments appartiennent en général à la série dite xanthique, c'est-à-dire que leurs nuances s'étendent du rouge au jaune plus ou moins rabattus. Ils peuvent être tantôt noirs, tantôt violets, tantôt rouges, tantôt jaunes. Ils occupent la plus grande partie du spectre, surtout la partie la plus réfrangible, et contrairement à ce qui a été signalé par M. G. Pouchet pour les matières colorantes de certains animaux, le pigment violet est ici très répandu.

Depuis longtemps, les botanistes avaient noté que les couleurs des semences ne sont jamais en rapport avec celles de la corolle. Ainsi dans les graines, d'après Sénebier, « la couleur roussâtre est la plus générale, l'ocracée est ordinaire, le noir leur est particulier. Le brun et ses nuances se trouvent sur les graines et sur l'écorce ; le blanc se voit plus communément sur les fleurs que sur les graines ; il en est de même du jaune. Le rouge et le pourpre sont rares dans les graines, mais fréquents dans les fleurs. Le rose est encore plus rare que dans les premières et il n'y a que quelques graines qui soient bleues (1). » Malgré les exemples que cite Sénebier à l'appui de son dire, A. Saint-Hilaire affirme n'avoir jamais rencontré dans les graines les couleurs bleu et rose, si fréquentes dans les fleurs. Il est donc actuellement impossible de rattacher les colorations des semences à celles de la corolle. On trouverait peut-être des éléments pour la solution de cette question dans une étude comparative de la répartition des couleurs dans les fleurs et les graines, suivant le degré d'élévation dans la série, ou plutôt suivant la distribution géographique des espèces envisagées à ce point de vue.

(1) *Phys. vég.*, t. II, p. 155.

Un grand nombre de naturalistes pensent que, d'une manière
générale, la coloration dans le monde organique est le résultat
d'une action directe de la lumière et de la chaleur du soleil.
Ainsi s'expliqueraient les brillantes couleurs des animaux et
des fleurs que l'on rencontre entre les tropiques. Pour les
plantes, Sénebier n'acceptait cette théorie qu'avec certaines
restrictions : « Les couleurs variées de plusieurs fleurs et de
plusieurs fruits, dit-il, paraissent sortir peintes du pinceau de
la lumière, quoiqu'il y en ait qui se colorent à l'obscurité (1). »
Tout récemment, l'opinion généralement acceptée a été combattue par R. Wallace, non seulement en ce qui concerne les
animaux, mais surtout pour les végétaux. « Mes observations
personnelles, dit ce naturaliste, faites pendant un séjour de
douze années dans les régions tropicales des deux hémisphères,
m'ont convaincu que cette croyance est absolument erronée et
que, en proportion du nombre total des espèces de végétaux,
on trouve plus de fleurs à couleurs vives dans les zones tem-
pérées que dans les zones les plus chaudes (2). »

L'opinion soutenue par R. Wallace est d'ailleurs en rapport
avec quelques faits sur lesquels l'attention a été appelée tout
récemment. On affirmait depuis longtemps que les plantes des
pays du Nord produisent des fleurs plus brillantes que celles
des régions méridionales, et cette particularité a été encore
signalée de la manière la plus explicite par MM. Bonnier et
Flahault (3), surtout par ce dernier, à la suite d'études entreprises sur la flore de la Scandinavie. On sait, d'autre part, par
les observations de MM. Pellat et Bonnier, que l'altitude fait
subir aux matières colorées des fleurs dans une même espèce
végétale, des variations nettement accusées et que M. Bonnier
a résumées dans la conclusion suivante : « Pour une même
espèce, la coloration des fleurs de même âge augmente en général avec l'altitude, à égalité de toutes les autres condi-

(1) *Op. cit.*, t. III, p. 176.
(2) *La coloration des animaux et des plantes* (Rev. intern. des sciences.
15 juillet 1879.
(3) *Bull. Soc. bot.*, 13 décembre 1878.

tions (1). » L'influence de la latitude, aussi bien que celle de l'altitude, sur le développement des pigments, doit être attribuée à une même cause, l'énergie solaire, dont l'action plus ou moins prolongée, plus ou moins intense, est elle-même en rapport avec ces deux éléments.

Le mode de répartition des couleurs des graines peut-il apporter dans la question quelque argument nouveau? Le développement des semences aux couleurs les plus diverses, dans un ovaire dont les parois plus ou moins épaisses les protègent contre une action directe de la radiation solaire, semble indiquer que la lumière n'est pas un facteur indispensable à la production des couleurs les plus vives. Toutefois on ne doit pas oublier que les graines les plus diversement colorées sont celles qui proviennent de fruits déhiscents et ne sont entourées que d'un périsperme peu épais. Mais est-il démontré que les semences développées dans des conditions différentes d'éclairement soient diversement influencées dans leur coloration, et que les graines provenant des tropiques, par exemple, aient des couleurs plus vives et plus variées que celles de nos climats? Je dois avouer que la plupart des faits qui me sont connus me feraient incliner vers une opinion opposée. Mais les éléments nécessaires pour trancher la question d'une manière définitive font encore défaut.

Toutefois quelques expériences faites par M. J. Sachs sur la formation des matières colorantes avaient conduit ce physiologiste à admettre que le développement des couleurs dans les fleurs est indépendant de l'action locale de la lumière, et que ces matières s'élaborent exclusivement aux dépens des substances formées dans les feuilles sous l'influence de la lumière.

Des recherches plus récentes de M. Ch. Flahault semblent démontrer que « le développement de la matière colorante soluble des fleurs dépend directement des matières nutritives emmagasinées, ou de l'assimilation par la chlorophylle »; ce qui explique fort bien que cette matière colorante puisse être

(1) *Bull. Soc. bot.*, 2 avril 1880.
(2) *Bull. Soc. bot.*, 11 juillet 1879, p. 268.

formée à l'obscurité, alors que les parties colorées sont encore
cachées dans le bouton et protégées par conséquent contre la
lumière par un abri épais et opaque. Mais il n'en n'est plus
de même pour la matière colorante jaune (xanthine de
MM. Frémy et Cloëz) : dans ce cas, M. Flahault a observé une
dépendance réelle entre la lumière directe du soleil et la coloration des fleurs, ce qui serait en rapport avec cette opinion,
que le pigment jaune insoluble n'est autre chose que la chlorophylle transformée ou altérée.

La théorie émise par M. Ch. Flahault me paraît de nature
à fournir l'explication d'un certain nombre de faits encore très
obscurs. On sait, en effet, que si la couleur des graines est généralement constante, il y a cependant quelques cas où la culture
parvient à la faire varier, même sans amener dans la plante
aucune modification notable. Ces variations ne sont-elles pas
la conséquence d'un changement dans l'alimentation même du
végétal et, par conséquent, de la présence ou de l'absence de
réserve nutritive ? La couleur blanche des graines ou des fleurs
due à la seule présence de l'air dans les cellules n'est-elle point
le signe d'une débilité héréditaire ou acquise, liée à l'absence de
réserve, ou même celui d'un véritable état pathologique analogue à l'albinisme ? Si la théorie ingénieuse développée par
M. Flahault est vraie, il doit être possible de changer artificiellement le mode de coloration des graines et des fleurs en faisant
varier les conditions de culture. On comprend facilement tout l'intérêt qui s'attache à la solution de cette question d'organogénie.

Je termine ici cette étude, à peine ébauchée, des matières
colorantes tégumentaires des graines, que je me propose de
poursuivre ultérieurement, et j'aborde la partie purement physiologique et expérimentale de ce chapitre.

B. — INFLUENCE DE LA COULEUR DES GRAINES SUR LES ÉCHANGES
GAZEUX AVEC L'ATMOSPHÉRE, PENDANT LA GERMINATION A LA
LUMIÈRE.

L'influence exercée par la coloration des semences sur leur
germination ne peut être appréciée d'une manière rigoureuse

que par le dosage comparatif des quantités d'oxygène absorbé et d'acide carbonique dégagé par deux lots de graines identiques d'ailleurs, de même nombre et de même poids, mais de couleur différente, germant sous l'action directe des rayons solaires, dans des conditions complétement semblables. Les appareils employés pour les séries d'expériences déjà relatées précédemment répondaient à ces indications : il suffisait d'y placer les graines, puis de les exposer en plein soleil pour mettre en jeu le pouvoir absorbant particulier des téguments séminaux à l'égard de la radiation solaire. La théorie indiquait que plus était grand le pouvoir absorbant pigmentaire, plus devait être considérable la quantité d'oxygène absorbé par la graine.

Mais l'expérience m'a démontré que d'autres éléments intervenaient dans le problème, c'est-à-dire qu'entre deux graines de *Phaseolus* de couleur dissemblable, la différence au point de vue de la germination n'était point limitée à ce caractère. Frappé de ce fait que la saillie de la radicule se produit toujours plus lentement dans les semences de haricots noirs que dans celles de haricots blancs, toutes les autres conditions étant cependant égales, je supposai que l'épaisseur des téguments et par conséquent la perméabilité à l'eau plus ou moins grande qui en résulte, peut-être même un pouvoir osmotique différent, indépendant de l'épaisseur de l'enveloppe, pouvaient être la cause de cette particularité.

J'examinai d'abord l'épaisseur et la résistance des téguments et je constatai que pour une même variété, elles différaient dans des proportions notables suivant la coloration. Ainsi les haricots noirs ont toujours un spermoderme plus épais et plus résistant que les haricots blancs, et ces propriétés m'ont paru en général augmenter avec la couleur dans l'ordre suivant : blanc, jaune, violet, noir, cette dernière coloration coïncidant habituellement avec une épaisseur maximum des téguments et la couleur blanche avec une épaisseur minimum.

Je déterminai ensuite le degré de perméabilité du spermo-

derme pour l'eau, circonstance importante pour le début et
la marche du phénomène germinatif. Pour cela, je choisis une
série de lots de semences de haricots de même récolte, de
même variété, mais de couleur différente. Chaque lot contenant un nombre égal de graines, et représentant un poids égal
préalablement déterminé, était plongé dans l'eau pendant un
temps fixé ; à certains intervalles, on notait l'augmentation de
poids de chacun de ces lots, et l'augmentation constatée indiquait justement la quantité d'eau absorbée par chacun d'eux
et, par conséquent, la valeur relative de leur pouvoir osmotique pour l'eau. Deux lots de *Phaseolus multiflorus* composés
chacun de 5 graines d'un noir violet pour le premier lot,
blanches pour le deuxième lot et pesant également $6^{gr},63$ à
l'état sec, pesaient le premier $11^{gr},5$, le deuxième $10^{gr},4$, après
six heures d'immersion. Au bout de vingt-quatre heures, les
deux lots pesaient également $13^{gr},80$. La perméabilité du spermoderme à l'eau semble donc être plus considérable pour
les graines violet noir que pour les graines blanches.

J'ai fait encore l'expérience suivante : trois lots pesant chacun
$2^{gr},8$, et composés le premier de 5 graines de Haricot jaune
nankin ; le deuxième de 5 graines violettes de la même variété ;
le troisième enfin de 5 graines noires, avaient acquis, au bout
de vingt-quatre heures, les poids suivants : le premier $3^{gr},95$,
le deuxième, $4^{gr},01$; le troisième, $4^{gr},21$.

Il semblerait donc y avoir une relation inverse entre l'épaisseur du spermoderme et la facilité avec laquelle cette enveloppe se laisse pénétrer par l'eau. Toutefois, il n'est pas impossible que, pour les graines blanches, l'air contenu dans les
téguments entrave plus ou moins le passage de l'eau ; ce qui
expliquerait, au moins en partie, cette moindre perméabilité.
D'autre part, la présence de l'air dans les cellules superficielles
du spermoderme des graines blanches doit forcément entraîner
certaines modifications dans leur pouvoir osmotique pour les
gaz, et, par conséquent, exercer sur les échanges respiratoires
qui accompagnent la germination une influence quelconque
dont le sens nous est inconnu. Il eût été intéressant d'élucider

ce point par une série d'expériences directes effectuées à l'aide de petits appareils dialyseurs construits avec les téguments de graines de couleur différente. M. Dehérain, ayant annoncé dans un de ses derniers mémoires, qu'il avait mis cette question à l'étude, je n'ai point jugé opportun de l'aborder.

§ 1. — Influence de la couleur des graines sur la quantité d'oxygène absorbé pendant la germination à la lumière.

Dans une première série d'expériences, je me suis contenté de doser les quantités d'oxygène absorbé par des lots de semences d'égal nombre et d'égal poids, germant à la lumière directe, dans des conditions identiques de température et d'éclairement.

Presque toutes mes expériences ont porté sur des graines de *Phaseolus multiflorus*, les unes blanches, les autres de couleur violet foncé, et fortement tachées de noir sur un tiers ou une moitié de leur surface. L'opposition de ces deux colorations extrêmes m'a paru de nature à rendre aussi manifestes que possible les variations dans les échanges respiratoires que faisait prévoir la théorie. Dans un cas seulement, j'ai obtenu un résultat unanime avec des graines noir foncé et jaune nankin de *Phaseolus vulgaris*.

Expérience 1. — Deux lots de graines de *Phaseolus multiflorus*, pesant chacun 3ᵍʳ,50, et composés, le premier de deux graines de couleur violet foncé taché de noir, le deuxième de deux graines blanches, sont placés dans des appareils éclairés.

	Violet-noir V =318	Blanc V = 280	Temp.	Haut.	b.
12 avril.. 7 h., s...	4	2,8	18°	759	15,36
17 — 9 h., m...	17,2	13,5	18°	759	15,36

Au moment où je mets fin à l'expérience, il y a unanimité de germination dans les deux lots : les radicules ont un développement à peu près égal dans les deux lots, bien qu'elles aient fait leur apparition un peu plus tôt dans le deuxième lot que dans le premier.

En ramenant les volumes gazeux à 0° et à 760, on a :

Pour le 1er lot........... 288.07   Pour le lot 2. 254,37
                          224.29   206,10
Dont les différences sont... 63,78   et   48,27

indiquant les quantités d'oxygène absorbé dans les deux lots.

Expérience 2. — Quatre graines de *Phaseolus multiflorus*, pesant chacune 1gr,19, sont placées dans quatre appareils simultanément exposés à la lumière directe.

	1 Violet-noir V = 400	2 Blanc V.—338	3 Violet-noir V.—318	4 Blanc V.—280	T.	H.	F.
27 avril.. 5 h.1/2, s.	4,8	5,5	3,9	3	19°	752	16,3
5 mai... 10 h., m..	14	18	14,6	14,8	21°	756	18,5

Les graines blanches avaient rompu leur spermoderme : l'une le 30 avril; l'autre (4), le 1er mai dans la soirée; les graines noires : l'une (1), le 4 mai, dans la matinée; l'autre (3), le même jour dans la soirée. La radicule, au moment de la fin de l'expérience, avait 3 centimètres dans le lot 2; 1c,5 dans le lot 4; 1/2 centimètre dans le lot 1 ; enfin, dans le lot 3, le spermoderme était seulement rompu du côté du hile, mais la radicule ne faisait pas encore saillie au dehors. En résumé, le développement avait été plus tardif pour les graines noires que pour les blanches. Notons que l'appareil 1 avait été le moins favorisé au point de vue de l'éclairement, à cause de sa position moins favorable sur la fenêtre.

Les corrections effectuées, on a pour les volumes gazeux, au commencement et à la fin de l'expérience :

Lot 1. 357,55   Lot. 2 301,26   Lot 3. 283,95   Lot 4. 250,50
      304,40   247,15   226,00   200,71
       53,15   54,11   57,95   49,79

Ces différences expriment les quantités d'oxygène absorbé par chaque graine.

Expérience 3. — Disposée d'une manière identique à la précédente : une seule graine de *Phaseolus multiflorus* est placée dans chaque appareil, chacune pèse uniformément 1gr,80. Ces graines ont séjourné dans l'eau pendant six heures, et leurs enveloppes ont été préalablement incisées le long du hile.

	1 Violet-noir V = 990	2 Blanc V = 338	3 Blanc V = 280	Temp.	Haut.	F.
	cc	cc	cc			
5 mai.. 6 h., s...	5,4	4,6	4,4	21°	756	18.5
8 — 5 h., s...	7,8	6,2	5,7	19°	750	16.3

Les radicules avaient apparu le 7 pour le lot n° 2, le 8 (matin) pour le lot n° 3, le 8 (soir) pour le lot n° 1. Au moment où l'expérience est arrêtée, la radicule se montre dans le lot 1, elle a atteint 1 centimètre dans le lot 2, et 1/2 centimètre dans le lot 4; la graine du lot 3 est en pleine décomposition.

Les corrections effectuées, on a pour les volumes, au commencement et à la fin de l'expérience :

	cc		cc		cc
Lot 1...	355,54	Lot 2...	300,39	Lot 3...	251,04
	342,37		293,79		231,20
	13,17		6,60		19,84

Ces différences expriment les quantités d'oxygène absorbé par chaque lot.

Expérience 4. — Disposée comme les précédentes : chaque lot ne comprend qu'une graine de *Phaseolus multiflorus*, du poids de 1gr,15.

	1 Blanc V = 338	2 Violet-noir V = 348	3 Blanc V = 280	Temp.	Haut.	F
	cc	cc	cc			
8 mai.. 6 h., s...	3,6	4,2	2,4	19°	750	16,15
12 — 9 h., m..	9	10,4	8,2	16°,5	755	14

La radicule a fait issue au dehors, le 10, pour le lot 3; le 11, pour le lot 1 ; enfin, le 12 seulement, pour le lot 2.

À la fin de l'expérience, la graine 1 a une radicule de 2 centimètres ; la graine 2, de 1 centimètre ; la graine 3, de 1c,5.

Les corrections effectuées, on a pour l'expression des volumes :

	cc		cc		cc
Lot 1...	301,73	Lot 2...	283,14	Lot 3...	250,48
	280,34		259,06		230,05
	21,39		24,08		20,43

Ces chiffres indiquent les quantités d'oxygène absorbé par chaque graine.

Expérience 5. — Disposée comme les précédentes : chaque graine pèse 1^{gr},35, et son enveloppe a été préalablement incisée après une macération de deux heures dans l'eau.

		Violet noir V.=338	Blanc V.=280	Temp.	Haut.	F.
		cc	cc			
12 mai...	4 h., s...	4,8	2	17°	755	14,4
16 —	8 h.1/2 m.	8,5	7	20°	757	13,36

La radicule s'est montrée le 14 pour la graine 2 et le 15 pour la graine 1. A la fin de l'expérience, la première avait une radicule de 2 centimètres ; la seconde, de 1 centimètre.

On a pour l'expression des volumes gazeux :

	cc			cc
Pour le 1er lot...........	305,52	Pour le lot 2.		254,88
	285,46			332,10
Dont les différences.......	20,06	et		22,78

expriment les quantités d'oxygène absorbé dans les deux lots.

Expérience 6. — Chaque lot est composé de trois graines de *Phaseolus vulgaris*, de coloration différente et de poids identique, 1^{gr},60.

		Jaune V.=400	Noir V.=318	Jaune V.=280	Temp.	Haut.	T.
		cc	cc	cc			
16 mai...	9 h., m..	7,4	3,6	2,8	21°	757	18,5
20 —	5 h., s...	19,2	10,6	9,6	20°,5	760	17,9

La rupture du spermoderme s'est produite le 17 pour les 3 graines du lot 1, le 18 pour les 3 graines du lot 3, le même jour pour 1 graine du lot 2, le 19 pour la deuxième graine du même lot, et le 20 pour la troisième graine de ce lot.

A la fin de l'expérience, les cotylédons sont verts dans toutes les graines du lot 1, et la végétation commence; dans le deuxième lot, on constate le même état pour deux graines ; quant à la troisième, elle n'a encore qu'une radicule de 1 centimètre; enfin, dans le lot 2, les graines ont rompu leur spermoderme, et deux seulement ont une radicule légèrement saillante.

Les volumes, ramenés à 0° et à 760, sont, au commencement et à la fin de l'expérience :

Lot 1... 254,20   Lot 2... 283,66   Lot 3... 250,10
         190,78   252,78   223,02
         _____   _____   _____
          63,42   30,88   37,08

Les différences expriment les quantités d'oxygène absorbé par chaque lot.

Je résumerai l'ensemble de ces expériences dans le tableau qui suit :

N° de l'expérience	NOMS des graines en expérience	Nombre de graines	Poids des lots	Durée de l'expérience	VOLUME D'OXYGÈNE absorbé par les graines de couleur.			
					1 Violet-noir.	2 Blanche.	3 Violet-noir.	4 Blanche.
1	*Phaseolus multiflorus* .	2	gr. 3,50	jours 5	cc. 63,78	cc. 48,27		
2		1	1,19	8	53,15	54,11	cc. 57,95	cc. 49,79
3	Id.	1	1,80	4	13,17	6,60	Nul.	10,84
4	Id.	1	1,15	4	Nul.	21,39	21,08	20,43
5	Id.	1	1,35	4	20,06	22,78		
					1 Jaune.	2 Noire.	3 Jaune.	
6	*Phaseolus vulgaris*	2	1,60	4	63,42	30,88	27,08	

§ 2. — Influence de la couleur des graines sur le rapport des quantités d'oxygène absorbé et d'acide carbonique dégagé pendant la germination à la lumière.

J'ai eu pour objectif, dans cette deuxième série d'expériences, de déterminer si les différences de coloration des graines se traduisent, pendant l'acte de germination, par des différences dans les quantités d'acide carbonique exhalé et, par conséquent, dans la valeur du rapport $\frac{CO^2}{O}$. Les faits qui précèdent permettaient de supposer qu'il devait en être ainsi.

Les appareils dont j'ai fait usage pour cette recherche sont

les mêmes qui avaient déjà été employés dans la seconde série
des expériences du chapitre IV. Ils étaient disposés côte à côte,
près d'une fenêtre parfaitement éclairée, et recevaient la radiation solaire directe au moins pendant six heures chaque jour.
Quant aux températures, elles étaient toujours notées au moment où le soleil ne frappait pas directement le thermomètre
appendu à l'un des appareils.

Les semences que j'ai utilisées ont été exclusivement celles
de *Phaseolus multiflorus*, les unes de couleur violet noir, les
autres blanches; le choix de ces colorations étant destiné à
accentuer autant que possible les différences dans le phénomène d'exhalation.

Expérience 1. — Deux lots de trois graines, pesant chacun
$4^{gr},15$.

		Noir-violet V.= 2088	Blanc V.= 1863	Temp.	Haut.	P.
		cc	cc			
2 juin...	6 h., s...	3,9	3,4	22°	760,9	19,6
7 —	9 h., m..	11,2	3,6	21°	757	18,5

A la fin de l'expérience, je constatai que les trois graines
blanches étaient en putréfaction : du côté des graines violettes,
il y avait unanimité de germination, et la longueur des radicules variait de 2 à 3 centimètres.

Les corrections effectuées, on obtient pour l'expression des
volumes gazeux, au commencement et à la fin de l'expérience,
les nombres

$$1808,75$$
$$\text{et} \ldots\ldots\ldots\ldots \ \overline{1615,26}$$

dont la différence. $\overline{193,49}$ indique la quantité d'oxygène absorbé.

Le dosage de l'acide carbonique, pratiqué comme dans les
expériences précédentes, donne le chiffre de $89^{cc},58$.

Expérience 2. — Deux lots de quatre graines, pesant chacun
$6^{gr},15$.

		Violet-noir V.= 2008	Blanc V.= 1863	Temp.	Haut.	P.
		cc	cc			
11 juin...	6 h., s...	5	4	21°	760,9	18,5
14 —	2 h., s...	5,4	8	25°	760	23,5

Dans le premier lot, 3 graines sont en putréfaction : du côté des graines blanches, il y a unanimité de germination : 2 graines ont des radicules de 2 centimètres, 1 de 1 centimètre, et la quatrième de 1/2 centimètre seulement.

Après correction, les volumes gazeux sont........ 1686,00
et... 1557,12
dont la différence............................. 128,88

exprime la quantité d'oxygène absorbé.

La quantité d'acide carbonique exhalé est de 116cc,82.

Expérience 3. — Deux lots de 3 graines pesant chacun 4gr,75.

		Violet-noir V = 2008	Blanc V = 1863	Temp.	Haut.	F
14 juin...	6 h., s...	2,5	2,5	25°	764	23,5
21 —	8 h., m..	11,3	9,6	23°,5	758	21,5

Le 17, 1 graine du premier lot avait sa radicule ; le 18 et le 19, les 3 graines blanches avaient développé le même organe ; le 20 seulement apparurent les radicules des 2 autres graines du premier lot.

A la fin de l'expérience, il y avait unanimité de germination dans les deux lots : les radicules des trois graines violet noir avaient 2cc,5, 2 centimètres et 0cc,5 ; celles des graines du second lot atteignaient 2 centimètres, 1cc,5 et 1 centimètre.

Les corrections effectuées, on a comme expression des volumes gazeux, au commencement et à la fin de l'expérience :

Pour les graines violet-noir. 1782,66   Pour les blanches.. 1653,69
                              1566,16   1494,69
Dont les différences....... 216,50   et   159,00

expriment les quantités d'oxygène absorbé par chaque lot.

Le dosage de l'acide carbonique donne :

Pour les graines violet-noir. 122,46   Pour les blanches. 142,64

Expérience 4. — Deux lots de 3 graines pesant chacun 4gr,05 : ces graines avaient été, après pesée, plongées dans

l'eau ordinaire pendant douze heures, et leur gonflement
était complet au moment où l'expérience fut commencée.

		Violet-noir. V.=2008	Blanc. V.=1862	Temp.	Haut.	F.
		cc	cc			
21 juin...	10 h., m...	3,5	2,8	25°	758	23,5
23 —	9 h., m...	7,7	6,2	24°	761	22,48

Le 22, la radicule apparaissait chez toutes les graines
blanches et seulement chez deux des graines violet-noir, dont
la troisième ne germait que le lendemain.

A la fin de l'expérience, unanimité de germination dans les
deux lots : parmi les graines violet-noir, les radicules avaient
une longueur de 3 centimètres, 2 centimètres et 0°,5. Dans
le second lot, deux radicules atteignaient 2°,5, l'autre 3 centimètres; le développement apparent était donc un peu plus
considérable que dans le premier lot.

Les corrections effectuées, j'ai trouvé pour les volumes
gazeux les chiffres suivants :

$$
\begin{array}{llll}
 & \overset{cc}{} & & \overset{cc}{} \\
\text{Graines violet-noir...} & 1774,43 & \text{Graines blanches...} & 1646,79 \\
 & \underline{1677,05} & & \underline{1582,54} \\
\text{Dont les différences...} & 97,38 & \text{et} & 64,25 \\
\end{array}
$$

mesurent les quantités d'oxygène absorbé par chaque lot.

Les dosages ont donné pour les quantités d'acide carbonique exhalé :

$$
\text{Graines violet-noir....} \quad \overset{cc}{30,31} \qquad \text{Graines blanches...} \quad \overset{cc}{56,08}
$$

Expérience 5. — Deux lots de 3 graines, pesant chacun,
à l'état sec, 3gr,59, sont mis en expérience après avoir baigné
pendant sept heures dans de l'eau ordinaire.

		Violet-noir V.=2008	Blanc V.=1863	Temp.	Haut.	F.
		cc	cc			
23 juin...	5 h., s...	3,2	2,8	25°	762	23,5
26 —	4 h., s...	8	6,6	25°	760	23,5

L'issue de la radicule s'est produite le 24 dans la matinée
pour une graine de chaque lot; le soir, pour les deux autres

graines du premier lot et pour une graine du second lot; le 26,
dans la matinée, pour la troisième graine du second lot.

À la fin de l'expérience, les graines violet-noir ont des radicules de 3 centimètres; parmi les graines blanches, la saillie
de la radicule atteint 3 centimètres, 2°,5 et 0°,5; le développement apparent est un peu moins accusé dans ce lot que dans
l'autre.

Les corrections effectuées, j'ai trouvé, pour les volumes
gazeux, les chiffres suivants :

$$\text{Graines violet-noir...}\ \overset{cc}{1784,36}\qquad \text{Graines blanches...}\ \overset{cc}{1655,66}$$
$$\underline{1659,57}\qquad\qquad\qquad \underline{1562,88}$$
$$\text{Dont les différences . } 124,79 \qquad \text{et} \qquad 92,78$$

expriment les quantités d'oxygène absorbé par chaque lot.

Les quantités d'acide carbonique exhalé sont :

$$\text{Graines violet-noir...}\ \overset{cc}{49,84}\qquad \text{Graines blanches...}\ \overset{cc}{59,77}$$

Je résumerai l'ensemble de ces résultats dans le tableau
suivant, où figurent les chiffres indiquant la valeur du rapport
$\frac{co^2}{o}$ pour chaque lot de graines.

Numéros des expériences	NOMS des GRAINES	Nombre des graines	Poids des lots	VOLUME d'oxygène absorbé par le lot de graines		VOLUME d'acide carbonique exhalé par le lot de graines		RAPPORT $\frac{CO^2}{O}$ pour le lot de graines	
				Violet-noir	Blanc.	Violet-noir	Blanc.	Violet-noir	Blanc.
1	*Phaseolus multiflorus*......	3	gr 4,15	cc 193,49	Nul.	cc 89,58	Nul.	0,462	Nul.
2	Id.	4	6,15	Nul.	cc 128,88	Nul.	117,82	Nul.	0,914
3	Id.	3	4,73	246,66	150,60	122,46	142,64	0,505	0,893
4	Id.	3	4,05	97,38	64,23	30,31	56,05	0,311	0,872
5	Id.	3	3,59	124,79	92,78	49,84	59,77	0,399	0,644

§ 3. — Conclusions.

Les deux séries d'expériences relatées dans ce chapitre conduisent aux résultats suivants :

1° L'issue de la radicule a été, presque toujours, plus hâtive chez les graines blanches que chez les graines violet noir, ainsi que cela résulte de l'ensemble de mes expériences. Supposant que l'épaisseur de l'enveloppe et les différences dans la rapidité de l'imbibition n'étaient pas étrangères à ce fait, j'ai laissé baigner les graines dans l'eau pendant quelques heures, jusqu'à gonflement complet, et pour hâter davantage encore leur germination, j'ai, dans quelque cas, incisé le spermoderme suivant le grand diamètre du côté du hile. Les résultats n'en ont pas été modifiés. Une seule expérience, 5 (deuxième série), n'a point offert la particularité susmentionnée. Enfin, dans l'expérience 6 (première série), l'issue de la radicule a été plus rapide chez les graines jaunes que chez les graines noires. Le développement apparent semblerait donc être un peu plus rapide chez les graines blanches ou jaunes que chez les graines noires ou violettes.

2° En ce qui concerne l'absorption d'oxygène, l'influence exercée par la coloration sur la marche de ce phénomène s'est manifestée d'une manière conforme aux prévisions théoriques : les quantités d'oxygène absorbé ont été beaucoup plus considérables pour les graines violet noir que pour les graines blanches, bien que ces dernières eussent germé plus rapidement. Dans l'expérience 4 (première série), on constate, il est vrai, un léger avantage en faveur de la graine blanche ; mais cet avantage est facilement expliqué par cette circonstance que l'appareil contenant le deuxième lot occupait une position plus favorable que son congénère. Dans l'expérience 6 (première série), le lot des graines noires, dont le développement était moins avancé que celui du lot 3 (graines nankin), a cependant absorbé un peu plus d'oxygène que ce dernier, mais beaucoup moins que le lot 1 (graines nankin), dans lequel la végétation proprement dite était déjà complète, et qui ne peut, par conséquent, entrer en ligne de compte. Enfin, dans les expériences 3, 4 et 5 de la deuxième série, la quantité d'oxygène absorbé par les graines violet noir a toujours été de 1/4 environ supérieure à celle consommée par les graines blanches, dont le développement apparent était cependant un peu plus avancé.

3° Bien que l'absorption différente d'oxygène par des graines de coloration diverse soit très probablement influencée par des circonstances qui nous échappent encore, un fait général semble cependant se dégager de mes expériences : pour atteindre le même développement apparent (rupture du spermoderme ou issue de la radicule), une graine noire ou violette absorbe plus d'oxygène qu'une graine blanche ou qu'une graine jaune, bien que l'on constate chez ces dernières une plus grande rapidité de l'évolution germinative. Je crois trouver dans ce fait une confirmation de l'idée que j'ai émise au début de ce chapitre, à savoir que la quantité d'oxygène absorbé par des semences de couleur différente germant à la lumière est en rapport avec le pouvoir absorbant de leurs téguments pour la radiation solaire.

Je rappelle incidemment que les quantités d'oxygène absorbé par les graines en germination augmentent avec la température, comme l'indique l'analogie. Il est facile de s'en convaincre, en parcourant les séries d'expériences relatées dans les deux chapitres qui précèdent. On voit que la consommation de l'oxygène, pour la germination d'une même graine, a présenté une progression croissante depuis le commencement jusqu'à la fin de mes expériences, c'est-à-dire à mesure que la température s'est élevée. Mais ces expériences ne donnent que le sens général de cette influence, et un travail spécial permettrait seul d'établir dans quelles limites intervient l'action de la chaleur sur le premier acte de la fonction respiratoire dans la germination.

4° Parmi les cinq expériences de la seconde série, deux n'ont fourni un résultat unanime que pour un seul lot; je ne les mentionne donc qu'à titre de documents confirmatifs. Quant

aux trois autres, dans lesquelles l'unanimité de germination a
été complète, elles fournissent les éléments nécessaires pour
déterminer l'influence de la coloration des semences sur le
rapport $\frac{CO^2}{O}$, au moins pour les graines de Légumineuses. Ces
trois expériences n'ont cependant pas eu lieu dans des conditions tout à fait identiques. Ainsi, pour l'expérience 3, qui a
duré près de 7 jours, les graines ont été introduites dans
l'appareil à l'état sec ; pour l'expérience 4, après un séjour de
12 heures dans l'eau ordinaire ; pour l'expérience 5, après
un séjour de 7 heures seulement dans le même liquide. Il
est évident que dans ces deux dernières expériences il y a eu
une accélération notable du processus, par le fait du gonflement préalable des graines et d'un commencement de germination déjà effectué, au moins dans l'expérience 4, au moment
où les semences ont été déposées dans les appareils, ce que
démontre d'ailleurs leur très rapide évolution. En somme, les
dosages ont porté tantôt sur le phénomène germinatif, mesuré
dès son origine, tantôt sur ce processus déjà plus ou moins
développé. Il est important de constater la concordance dans
les chiffres obtenus pour ces diverses conditions ; car elle
étend la portée des conclusions qui en résultent et en assure la
généralité, au moins pour les graines des Légumineuses, et
peut-être pour l'ensemble des graines amylacées.

La quantité absolue d'acide carbonique exhalé comparativement par les deux lots de graines de coloration diverse a
toujours été beaucoup plus considérable pour les graines
blanches que pour les graines violet noir. Cet avantage s'est
élevé dans un cas (expérience 4) presque au double du volume
exhalé par le lot de semences colorées.

5° Le rapport $\frac{CO^2}{O}$ a varié, pour les graines violet noir, entre
0,311 et 0,565 ; pour les graines blanches, entre 0,644 e
0,914 ; en d'autres termes, ce rapport tend vers l'unité pour
les graines blanches, et il ne dépasse guère 1/2 pour les graines
pigmentées. Ces différences considérables semblent démontrer que les graines noires ou violettes sont mieux douées au

point de vue physiologique que les graines blanches, puisque, dans les mêmes conditions, elles absorbent plus d'oxygène que ces dernières et exhalent moins d'acide carbonique. A l'état de nature, c'est-à-dire quand les semences germent à la lumière, la transformation de la légumine en asparagine doit s'effectuer beaucoup plus facilement dans les graines colorées que dans les autres. La pigmentation plus fréquente et plus prononcée des graines des pays du Nord ou des régions très élevées est donc une condition favorable pour le développement de ces organismes dans les conditions particulières d'éclairement où ils sont appelés à évoluer.

Enfin, il est permis de supposer que ce rôle de la pigmentation dans le phénomène respiratoire existe, non seulement chez les végétaux pendant la germination, mais encore chez les animaux eux-mêmes. On a déjà signalé chez ces derniers une accélération de la respiration sous l'influence de la lumière ; on comprend dès lors tout l'intérêt qu'il y aurait à déterminer si l'action des pigments tégumentaires établie pour les végétaux existe de même dans la série animale. Pour réaliser cette recherche avec les plus grandes chances de succès, il faudrait choisir pour sujet d'expérience quelques-uns des types animaux chez lesquels la peau est le siège de la fonction respiratoire, et présente, en même temps, de grandes variétés de pigmentation, c'est-à-dire de pouvoir absorbant.

6. Les conséquences des recherches qui précèdent sont, dans leur ensemble, directement applicables à la germination des graines des plantes non cultivées. Dans les conditions naturelles, en effet, les semences projetées sur le sol à l'époque de leur maturité y germent le plus souvent sous l'influence de la lumière directe ou diffuse, empruntant l'énergie solaire proportionnellement au pouvoir absorbant dont jouit leur spermoderme, c'est-à-dire d'après la nature de leur coloration tégumentaire. La théorie voudrait donc que les pigments doués du pouvoir absorbant le plus grand, tels que le noir ou le violet foncé, fussent plus particulièrement l'apanage des graines des pays froids et qu'au contraire les pigments à faible pouvoir

absorbant et surtout le défaut de pigmentation se rencontras-
sent plus particulièrement dans les semences des régions
chaudes. Mais l'insuffisance des documents que l'on possède
sur la répartition de la couleur des graines au point de vue
géographique ne permet pas de dire si l'hypothèse est d'ac-
cord avec les faits.

Cependant toutes les graines, même à l'état sauvage, ne
germent point à la lumière, par suite de certaines dispositions
anatomiques. Tantôt, en effet, les semences proviennent de
capsules déhiscentes qui les laissent tomber sur le sol à l'époque
de leur maturité; tantôt elles sont enfermées en grand ou en
petit nombre dans des capsules indéhiscentes ou au centre
d'un endocarpe pulpeux. C'est dans ce second cas seulement,
qu'elles germent à l'abri de la lumière; le contraire se produit
dans le premier cas qui comprend, il est vrai, les faits les plus
nombreux. Ainsi que nous l'avons dit, l'homme, en pratiquant
des semis et en enterrant les graines, a évidemment altéré les
conditions naturelles. Néanmoins si les céréales cultivées depuis des siècles germent toujours à l'obscurité, l'expérience
prouve chaque jour que cette condition n'est pas devenue nécessaire à leur germination; elle n'a pas pris les proportions
d'un caractère héréditaire, pas plus que la privation de la
lumière n'est devenue un empêchement à la germination des
semences qui depuis des siècles germent sous l'influence de
cet agent.

Ici se termine l'exposé des faits déjà connus ou résultant de
mes recherches, sur le rôle si controversé de la lumière dans
la germination. Ayant eu le soin de faire suivre chaque chapitre
de conclusions détaillées, je me dispenserai de les rappeler ici :
il me suffira de les rattacher par quelques considérations aux
lois fondamentales de la physiologie générale.

L'étude de la germination, au point de vue physiologique et
surtout au point de vue chimique, est à peine ébauchée : elle
est entourée d'une foule de questions accessoires qui encom-

brent ses abords et éloignent d'elle l'attention des expérimentateurs. Un certain nombre de ces points secondaires ont
appelé mon attention, et, sans prétendre les avoir élucidés
encore d'une manière complète, j'ai pu cependant reconnaître
le sens général de leur intervention dans le phénomène germinatif. Après avoir écarté ces causes d'erreur, j'ai pu rechercher
avec plus de précision qu'on ne l'a fait jusqu'à ce jour, pour
les expériences analogues, l'influence exercée par la lumière
ou l'obscurité sur les échanges gazeux qu'effectue la graine en
germination avec l'atmosphère ambiante.

Une conclusion générale et vraiment philosophique se dégage de l'ensemble des faits exposés dans ce travail.

« L'entretien de la vie, dit M. Berthelot, ne consomme
aucune énergie qui lui soit propre, c'est-à-dire aucune énergie
qui ne puisse être calculée d'après la seule connaissance des
métamorphoses chimiques accomplies au sein de l'être vivant,
des travaux intérieurs qu'il affectue, enfin de la chaleur qu'il
développe (1). » Cette somme d'énergie nécessaire à l'entretien de la vie est donc sujette à des variations qui, pour une
même espèce ou pour un même individu, peuvent osciller
entre certaines limites, dans les diverses conditions d'existence.
De même que la limite d'élasticité d'un ressort ne peut être
dépassée sans rupture, de même la limite de plasticité de l'être
vivant ne peut être franchie sans qu'un trouble physiologique
plus ou moins grave en soit la conséquence.

Cette énergie empruntée au monde extérieur, à l'état de force
vive, est fournie aux végétaux sous la forme la plus simple par
les trois agents : chaleur, lumière, électricité. Le rôle de cette
dernière énergie étant encore mal connu, et paraissant d'ailleurs moins important que celui des deux autres, nous le né-
gligerons volontairement. Mais en ce qui concerne la chaleur
et la lumière, les faits acquis nous permettent de supposer que,
entre certaines limites et dans des circonstances spéciales, les
plantes peuvent utiliser indistinctement, pour effectuer le tra-

(1) *Essai de mécanique chimique,* etc., t. I. p. 91.

vail intérieur dont elles sont le siège, une certaine quantité
d'énergie calorifique ou une certaine quantité d'énergie lumineuse ; en d'autres termes, elles peuvent transformer en un
même travail moléculaire la chaleur et la lumière, établissant
ainsi entre ces deux énergies une véritable équivalence physique et physiologique dont le rapport pourra être calculé
quand il nous sera donné de mesurer avec précision les
quantités de chaleur et de lumière qui interviennent dans
un même phénomène physiologique. Cette hypothèse est
déjà justifiée par la végétation de certaines plantes dans
des climats extrêmes. La germination semble confirmer cette
théorie d'une manière plus évidente : on sait, en effet,
qu'il existe pour chaque graine une température à laquelle
ce processus s'effectue, en un temps minimum, dans l'obscurité la plus complète; dans ce cas, il est évident que la
seule énergie empruntée par la graine au monde extérieur,
pour le développement de son embryon, est directement fournie
par la chaleur. Mais nos expériences établissent qu'à température égale, la quantité d'oxygène absorbé par une graine
qui germe est plus grande à la lumière qu'à l'obscurité ; qu'en
d'autres termes, la respiration de la semence est plus énergique dans le second cas que dans le premier. D'autre part,
nos recherches nous conduisent accessoirement à démontrer
que la quantité d'oxygène absorbé par la graine augmente
avec la température jusqu'à une certaine limite que nous n'a-
vons point fixée. Il résulte de ces deux faits que l'on pourrait
obtenir dans des germinations parallèles une égalité complète,
au moins pour cette phase du phénomène respiratoire, en maintenant un premier lot de graines à une certaine température
dans l'obscurité, et un deuxième lot absolument semblable
à une température inférieure, aidée de l'intervention d'une
certaine quantité d'énergie lumineuse. En désignant par E
l'énergie calorifique absorbée dans le premier cas, par e et par
l l'énergie calorifique et l'énergie lumineuse absorbées dans
le second, on serait conduit à une équation de la forme

$$E = e + l.$$

Mais, en définitive, la lumière est-elle utile ou nuisible à la germination? Les résultats de mes expériences me permettent de répondre à cette question si longtemps débattue, avec une très grande probabilité.

La lumière et la chaleur agissent d'une manière identique sur la respiration des semences, au moins en ce qui concerne l'absorption de l'oxygène; elles l'activent, et cette influence accélératrice augmente à mesure que l'intensité de ces énergies se prononce davantage.

Pour les limites de mes expériences, il n'est pas douteux que la lumière soit favorable à la germination, puisqu'elle augmente l'absorption de l'oxygène et diminue le dégagement absolu d'acide carbonique, comme je l'ai constaté pour le Ricin. Pour le Haricot, il est plus difficile de se prononcer, la perte absolue en acide carbonique étant un peu plus élevée à la lumière qu'à l'obscurité; mais la nécessité de l'intervention de la lumière pour la transformation des matières albuminoïdes en asparagine nous semble une preuve du rôle utile de la lumière.

D'ailleurs cette influence de la radiation solaire ne se manifeste point dans toutes les circonstances avec la même activité et, par conséquent, avec la même utilité. C'est surtout quand la respiration des semences en germination est languissante (c'est-à-dire aux basses températures), que l'énergie lumineuse doit remplacer la chaleur de la manière la plus utile. On comprend facilement qu'une lumière très intense coïncidant avec une température élevée active outre mesure les oxydations et exerce dès lors une influence nuisible sur la vie de l'embryon végétal.

En résumé, l'action accélératrice et favorable de la lumière sur la vie de la graine semble s'atténuer à mesure que la température s'élève, pour devenir nuisible, quand cette dernière a dépassé un certain degré, ainsi que permettent de le supposer, par analogie, les travaux de Pringsheim. Mais, entre ces conditions extrêmes de température, quelle est la limite où la lumière cesse d'intervenir d'une manière utile? Tout nous dit que c'est le degré favorable, puisque, à ce moment et même dans l'obscurité, les phénomènes de destruction organiques, accomplis aux dépens des réserves contenuesdans la graine et les phénomènes de synthèse morphologique, atteignent leur rapport *optimum*.

Des recherches ultérieures me permettront de vérifier cette hypothèse, non seulement pour le cas particulier de la germination, mais encore pour les végétaux parasites, cryptogames et phanérogames. Enfin, poursuivant cette étude jusqu'aux animaux eux-mêmes, il nous sera peut-être donné un jour de dégager de cet ensemble d'observations la formule générale du mode d'action de la lumière sur les êtres à protoplasme incolore. Chose singulière! si les résultats obtenus dans ces voies diverses concordaient avec ceux que nous avons établis pour le cas particulier de la germination, on serait amené à considérer la lumière comme l'énergie organisatrice par excellence, non seulement pour les êtres doués de chlorophylle, mais encore pour ceux qui en sont dépourvus. Cette action plastique de la radiation solaire exercée sur l'ensemble des organismes vivants, à l'aide de mécanismes divers, nous apparaîtrait comme un nouvel exemple de la loi d'unité qu semble présider aux phénomènes de la vie.

EXPLICATION DE LA PLANCHE 2.

Fig. 1. Appareil pour le dosage de l'oxygène absorbé par les graines.

Fig. 2. Appareil pour le dosage simultané de l'oxygène absorbé et de l'acide carbonique dégagé par les graines.

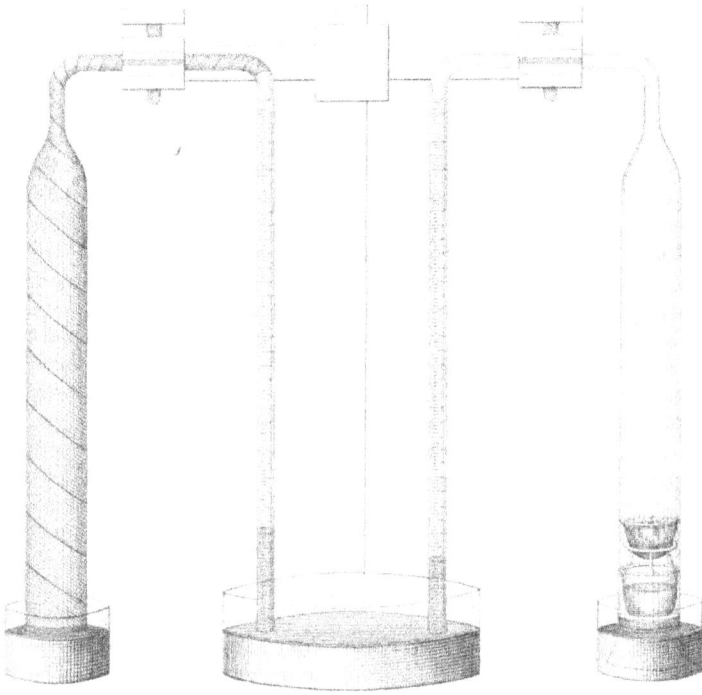

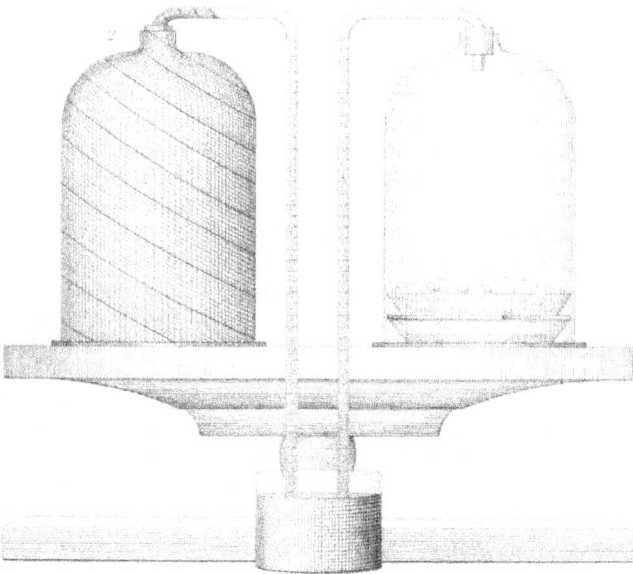

Appareils pour le dosage de l'Oxygene et de
l'Acide carbonique exhalés par les graines.

Imp Becquet, Rue des Noyers, 37, Paris.

DEUXIÈME THÈSE

PROPOSITIONS DONNÉES PAR LA FACULTÉ.

Du terrain carbonifère : ses divisions chronologiques; ses caractères en France, en Belgique et dans les îles Britanniques.

Vu et approuvé, Paris, le 6 août 1880 :

Le Doyen de la Faculté des sciences.

MILNE EDWARDS.

Vu et permis d'imprimer, le 7 août 1880 :

Le Vice-Recteur de l'Académie de Paris,

GRÉARD.

PARIS — IMPRIMERIE DE E. MARTINET, RUE MIGNON, 2.

www.ingramcontent.com/pod-product-compliance
Lightning Source LLC
Chambersburg PA
CBHW070512200326
41519CB00013B/2791